Sabine Hübner | Carsten K. Rath

Das beste Anderssein ist Bessersein

Sabine Hübner | Carsten K. Rath

Das beste Anderssein ist Bessersein

Wie Kundenbegeisterung gelingt!

REDLINE | VERLAG

Bibliografische Information der Deutschen Nationalbibliothek:
Die Deutsche Nationalbibliothek verzeichnet diese Publikation in der Deutschen National-
bibliografie; detaillierte bibliografische Daten sind im Internet über **http://d-nb.de** abrufbar.

Für Fragen und Anregungen:
lektorat@redline-verlag.de

2., aktualisierte Auflage 2016

© 2016 by Redline Verlag, ein Imprint der Münchner Verlagsgruppe GmbH,
Nymphenburger Straße 86
D-80636 München
Tel.: 089 651285-0
Fax: 089 652096

Redaktion: Ulrike Kroneck, Melle-Buer
Umschlaggestaltung: Karen Schmidt, München
Fotos: Ben Hammer
Satz: Helmut Schaffer Grafik + Satz, Hofheim a.Ts.
Druck: Florjancic Tisk d.o.o., Slowenien
Printed in the EU

ISBN Print 978-3-86881-619-8
ISBN E-Book (PDF) 978-3-86414-873-6
ISBN E-Book (EPUB, Mobi) 978-3-86414-872-9

Weitere Informationen zum Verlag finden sie unter

www.redline-verlag.de
Beachten Sie auch unsere weiteren Imprints unter
www.muenchner-verlagsgruppe.de

Inhalt

Danke an unsere Mamas Johanna und Christa –
dafür, dass sie beide nie versucht haben,
uns »Feuerpferde« zu zähmen und uns so lieben,
wie wir sind.

Sabine und Carsten

Vorwort zur zweiten Auflage

Seit der Arbeit an unserem ersten gemeinsamen Buch hat sich die Welt verändert. Wir haben uns verändert. Unser Blick auf die Welt hat sich verändert. Angetreten waren wir mit der Idee, die Welt mit Service-Excellence besser zu machen.

Motiviert sind wir durch unsere persönliche Erfahrung. Als Unternehmer führen und führten wir Industriebetriebe, Hotels, Restaurants, Golfanlagen, Tourismuskonzerne und Beratungsunternehmen – heute und in Zukunft vor allem die von uns gegründete Unternehmensberatung RichtigRichtig.com. Da geht es um Marktanteile, da zählt jeder Auftrag, da geht es jeden Tag ums Ganze. Es geht immer um alles! Es gilt, einen guten Namen aufzubauen und zum Strahlen zu bringen. Es geht darum, gute Kunden zu gewinnen und so zu *begeistern*, dass sie echte Loyalität entwickeln. Und via Weiterempfehlung noch mehr begeisterte Kunden bringen. Wir wollen die Lücke zwischen Unternehmensanspruch und Kundenwirklichkeit schließen – nicht nur bei unseren Kunden, sondern auch bei uns selbst. Dafür kämpfen wir jeden Tag. Nur so kann ein Geschäft wachsen, nur so können jeden Monat Löhne gezahlt werden. Jeder Unternehmer weiß, wie sich das anfühlt. Und er weiß auch, dass die Nerven blank liegen können, wenn ein schlafmütziger Mitarbeiter ein Kundengespräch vermasselt. Deshalb: Service-Excellence.

Als Unternehmer sind wir außerdem viel unterwegs, häufig viel öfter, als uns lieb ist. Auch das kostet Nerven. Da wünscht man sich herzliche Menschen an den Schaltstellen im Flughafen, in den Hotels, in den Unternehmen. Damit man sich nicht zwanzig Mal am Tag ärgern muss. Sondern vielleicht nur zwei Mal. Noch lieber gar nicht. Deshalb: Service-Excellence.

Service-Excellence schien uns genau die richtige Lösung für alle Probleme zu sein. Das große Ziel. Relevanz für den Kunden war unsere Messlatte. Für alles. Nach intensiver Arbeit in der Praxis und an diesem Begriff sahen wir: Unsere Idee war zwar gut, aber noch nicht *richtig* richtig.

Service-Excellence ist der Weg, nicht das Ziel. Mehr noch: Es ist *ein* Weg. Nie *der* Weg. Nur ein Weg unter vielen, um Kunden zu begeistern. Relevanz ist zwar eine sinnvolle Messlatte, verliert aber ihre Strahlkraft, wenn andere Aspekte fehlen: Die Philosophie zum Beispiel, die ein Unternehmen aus dem Inneren heraus antreibt. Wir haben sie in unserem neuen Modell in den Kern gesetzt. Und: Leadership. Auch diesen Aspekt haben wir »verpflanzt«: Von einem Modul unter vielen zu einer Klammer, die das System von außen zusammenhält.

Es ist also ein wenig anders gekommen als zunächst gedacht. Umso besser! Wir sind offen für neue Erfahrungen und sehen das als große Chance. Wir haben unser Modell weiterentwickelt. Und wir freuen uns, Sie, liebe Leserinnen und Leser, unsere neuen Erkenntnisse und unsere vielen neuen Geschichten mit Ihnen zu teilen. Nicht zuletzt hoffen wir, dass Sie aus dieser Neuauflage unseres Buches das mitnehmen, was uns am meisten am Herzen liegt: Ihre Begeisterung.

Sabine Hübner und Carsten K. Rath

Einleitung:
Wenn Kundenherzen höher schlagen

Ihr Kunde: Sprachlos. Absolut sprachlos. Einfach nur begeistert. Von Ihnen, Ihren Mitarbeitern, Ihrem Produkt, Ihrem Service, Ihrem Unternehmen. Wann ist Ihnen so etwas das letzte Mal passiert? Schon etwas länger her? Oder: Gerade heute? Dann gratulieren wir herzlich zur exzellenten Performance!

Sie wissen so gut wie wir, dass es nicht so leicht ist, Kunden wirklich zu begeistern. Dabei sind es oft Kleinigkeiten, die beim Kunden nachhaltig Eindruck machen. Beispiel: Doppelt gestapelte Saftschorle.

»**In einem gutbürgerlichen Restaurant** bestellte ich das, was ich immer bestelle: eine große Apfelschorle. Wortlos notierte der Kellner meinen Wunsch. Ein paar Minuten später kam er mit zwei kleinen Gläsern Apfelschorle wieder, türmte diese übereinander und sagte mit einem Lächeln: ›Ich wollte Ihnen eine große Apfelschorle ermöglichen, auch wenn wir die eigentlich gar nicht haben!‹«

Statt einem schroffen »Nein« eine kreative Erfrischung, sowohl für den Gaumen als auch für die Seele! So einfach ist es, Mathias aus dem RichtigRichtig-Team zu begeistern.

Selbst ein simpler Spülmaschinenschlauch kann Kunden begeistern, wie eine weitere Geschichte aus unserem Team zeigt.

»**Ein Installationsbetrieb** hat unser Wochenende gerettet: Zuerst kamen zwei Lieferanten eines Elektromarktes außer Atem und schlecht gelaunt über die unfreiwillige Sporteinlage in unserem Treppenhaus in unserer Wohnung an. Sie schleppten unsere neue Spülmaschine in die Küche und erfassten die Lage recht schnell: ›Die können wir nicht anschließen, der Schlauch ist zu kurz, das ist nicht unsere Aufgabe, dafür können wir nichts, da müssen Sie mit dem Händler sprechen.‹ Auf die Frage, welches Schlauchmodell in welcher Länge wir denn brauchen, folgte eine ähnliche Leier über Zuständigkeiten. Aussichtslos. Wir riefen beim Installationsbetrieb in der Nachbarschaft an. Zehn Minuten später stand ein sympathischer Herr vor der Tür, der sich eingehend unserer Mission-Schlauch-Impossible widmete. Er ging mit den Worten: ›Ich kümmere mich darum. Sobald die Lieferung da ist, schaue ich noch mal bei Ihnen vorbei und schließe Ihnen Ihre Spülmaschine an.‹ Freitagabend lief die neue Maschine.«

Was bleibt? Punktsieg für den Klempner. Und die schlechte Erinnerung an den Händler, die vielleicht sogar die positive Einschätzung der gewählten Maschinenmarke untergräbt. Das alles nur, weil die beiden Lieferanten – wir können da nur spekulieren – schlecht ausgebildet, schlecht bezahlt und schlecht gelaunt daherkamen. Die Performance hat an einer einzigen Ecke nicht gepasst, und schon hängt das Gesamtbild schief. Der Kunde ist genervt statt begeistert. Das darf nicht passieren in einem Wettbewerb, in dem gilt:

Es geht immer um alles!

Doch was ist eigentlich Begeisterung? »Begeisterung ist Doping für Geist und Hirn«, sagt Hirnforscher Gerald Hüther. Das lässt sich medizinisch erklären: Ist der Kunde begeistert, werden in seinem Gehirn emotionale Zentren aktiviert. Von dort aus ziehen sich lange Nervenbahnen in alle anderen Ecken des gesamten Gehirns. Überallhin. Und jetzt kommt's: Bei jedem Sturm der Begeisterung werden an den Enden der Nervenbahnen Botenstoffe ausgeschüttet. Also überall. »Jeder kleine Sturm der Begeisterung führt gewissermaßen dazu, dass im Hirn ein selbsterzeugtes Doping abläuft«, schreibt Hüther.[1] Nicht schlecht, oder? Und eine gute Erklärung dafür, warum begeisterte Kunden immer wieder zu Ihnen zurückkommen. Das Wort *Junkie* wollten wir an dieser Stelle eigentlich nicht einführen, aber es gibt eine so gute Geschichte dazu, dass wir es doch tun.

Aman-Resorts stehen in der Spitzenhotellerie für exzellenten Stil, Exklusivität und warmherzigen Umgang schlechthin. Das Besondere daran: Aman-Resorts spiegeln und bündeln an jedem Standort Architektur und Natur, Kunst und Kultur ganz unterschiedlicher und immer absolut spektakulärer Schauplätze. So eröffnete die Kette Berglodges in Bhutan, Villenresorts in Indonesien, Strandpavillons in der Karibik, ein Zeltcamp im indischen Rajasthan und ein Herrenhaus im Fort von Galle auf Sri Lanka.

Das Hotel *Amanpuri* an der Westküste von Phuket, Thailand, hat den Anstoß gegeben für eine Bewegung, die in der Luxushotellerie einzigartig ist. Besonders treue Stammgäste bekommen ein T-Shirt mit dem Aufdruck *Amanjunkie* – ein an Schlichtheit kaum zu überbietendes Kleidungsstück, das aber aufgrund seiner Exklusivität hoch begehrt ist und in Insiderkreisen zu hohen Preisen gehandelt wird. Darüber hinaus ist die Kette ganz offiziell unter dem Label *Amanjunkie* in sozialen Medien wie Instagram aktiv. Dass die Selbstbezeichnung Junkie von begeisterten Aman-Kunden durchaus mit Stolz verwendet wird, zeigt sich in zahlreichen Gästekommentaren auf Reiseplattformen. »We're officially Amanjunkies«, wird da gejubelt (Tripadvisor). Oder: »I admit it, I'm an Amanjunkie« (Wildluxe).

Wie kriegen Sie das hin? Den Begeisterungssturm im Kundenhirn? Dass Kunden sogar zu stolzen Junkies werden? Sie schaffen es mit verschmitzten Saftstaplern, beherzten Schlauchfestschraubern und perfekt auf Service eingestellten Resortmitarbeitern. Was aber, wenn man solche Leute zufällig nicht gefunden hat? Dann hilft ein System. Ja, Sie haben richtig gelesen: ein System. Wir wissen, dass das etwas nüchtern klingt. Aber es funktioniert unserer Erfahrung nach so gut, dass wir Ihnen in diesem Buch verraten wollen, was es damit auf sich hat.

Die Formel für Kundenbegeisterung

In den vergangenen Jahren haben wir ein System entwickelt, mit dem sich praktisch jede Firma zu einem Unternehmen weiterentwickeln lässt, vor dem begeisterte Kunden Schlange stehen.

Es zeichnet sich aus durch einen Kern in der Mitte – das ist die Idee des Unternehmens, das ist die Energie, die von innen kommt: die Philosophie. Als strukturgebende Klammer sehen wir eine überzeugende Führung. Wir sprechen von *Leadership*, weil es hier um Inspiration und Motivation geht – weniger um Anweisungen, Kontrollen, Erbsenzählerei. Dazwischen befinden sich acht Module, die unserer Erfahrung nach direkt relevant sind für das, was Sie sich schlussendlich wünschen: begeisterte Kunden!

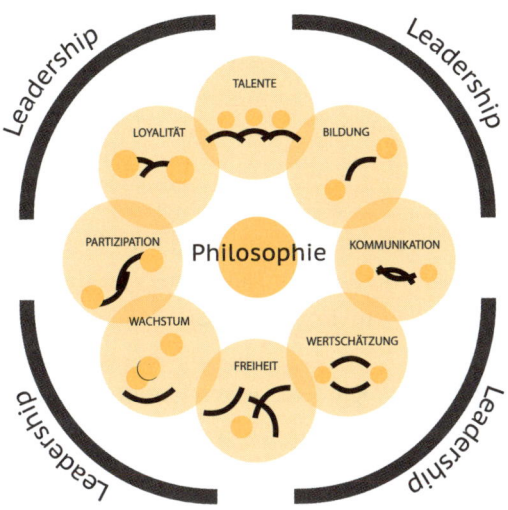

Was stellen wir uns unter den einzelnen Punkten vor? Hier eine kurze Übersicht – mit der wir Ihnen zugleich auch Appetit auf die Kapitel dieses Buches machen möchten.

Der Kern: Philosophie

Die überzeugendste Haltung gegenüber den eigenen Kunden haben wir bei den Unternehmen gefunden, die von einer ganz bestimmten Ambition angetrieben werden: Dem Wunsch, die Welt besser zu machen, das Leben der Menschen glücklicher zu gestalten und ihre Kunden zu begeistern. Dahinter steht oft die persönliche Geschichte des Unternehmensgründers.

Die Klammer: Leadership

Ein Unternehmen zum führenden Kundenliebling zu machen heißt: die Mitarbeiter machen lassen. Wer seinen Mitarbeitern Freiheit gibt und ihnen als Förderer und Berater zur Seite steht, der kann die besten Talente an sich ziehen, motivieren und langfristig binden.

1. Talentauswahl

Anders als es in der Bildungsdiskussion dieser Tage behauptet wird, unterscheiden sich die besten Mitarbeiter von den mittelmäßigen gerade nicht durch ihre Kompetenzen, sondern allein durch ihre Haltung und ihre Empathiefähigkeit. Das Tellertragen lässt sich trainieren, Sympathie nicht. Die besten Unternehmen haben das erkannt und ihr Recruiting darauf eingestellt.

2. Bildung

Spitzensportler wissen es: An der Spitze bleibt nur derjenige, der regelmäßig trainiert. Das gilt für die Mitarbeiter Ihres Unternehmens genauso. Auch wenn im Tagesgeschäft dazu vermeintlich die Zeit fehlt: Spitzenperformance gelingt mit kontinuierlicher, gemeinsamer Übung und Reflexion. Dazu braucht es Systeme mit größtmöglicher Effektivität bei kleinstmöglichem Aufwand. Ein solches System haben wir entwickelt (Neugierig? Schauen Sie unter www.we-learning.com).

3. Kommunikation

Durch die Digitalisierung der Unternehmenskommunikation sprechen Führungskräfte, Teamleiter und Mitarbeiter immer weniger miteinander – stattdessen schreiben sie sich Kurznachrichten. Einerseits beschleunigt dies viele Prozesse, andererseits aber entstehen so viele Missverständnisse, viele Themen werden nicht mehr besprochen und eine wichtige Quelle der Kreativität versiegt. Excellence im Kundenkontakt bedeutet immer auch einen exzellenten Umgang miteinander.

4. Wertschätzung

Jeder Mensch sehnt sich nach Anerkennung, nach Wertschätzung, nach Zugehörigkeit. Exzellente Unternehmen feiern die Gemeinsamkeit und stärken so das Selbstbewusstsein jedes Einzelnen genau wie das des Teams. So entsteht eine große Loyalität, die sich auch in Zeiten des zunehmenden Job-Patchworkings als tragfähig erweist.

5. Entscheidungsfreiheit

Service braucht Spontaneität. Doch spontan können Mitarbeiter nur dann handeln, wenn sie die Freiheit haben, ihr Handeln selbst zu steuern. Dazu brauchen sie Entscheidungskompetenz und ein eigenes Budget, über das sie ohne Rücksprache *sofort* verfügen können. Der positive Effekt auf die Kunden ist nachweisbar so groß, dass sich derartige Investitionen lohnen.

6. Wachstum

Die beim Kunden erfolgreichsten Unternehmen wissen, dass sie gut sind. Aber sie ruhen sich niemals auf ihren Lorbeeren aus. Stattdessen messen sie ihr Excellence-Level und steigern es nach Möglichkeit auch dann noch, wenn sie an der Spitze stehen. Irgendwo findet sich immer noch etwas, das sich verbessern lässt. Seien Sie heute besser als gestern und morgen besser als heute!

7. Partizipation

Mitarbeiter wünschen sich manchmal einen Chef, der alles kann und immer genau weiß, welche Schritte zum Erfolg führen. Und mancher Chef träumt davon, ein Superheld zu sein. Doch in der Realität hat sich längst gezeigt, dass die besten Ergebnisse dann entstehen, wenn möglichst viele Meinungen gehört werden. Die besten Unternehmen haben besondere Systeme eingerichtet, um die Stimmen der Kunden und Mitarbeiter wirksam werden zu lassen.

8. Kundenloyalität

Loyale Kunden sind das Ergebnis vieler Jahre konsequenten Ringens um Spitzenleistung. Die besten Unternehmen haben deshalb loyale Kunden, weil sie einerseits zwar wirtschaftlich denken und handeln, andererseits aber mit freundlichen, ja nahezu liebevollen Aufmerksamkeiten großzügig sind.

Vom Mut, das Richtige zu tun

Zugegeben: Wir haben einen sehr hohen Anspruch. Excellence ist per se ein nicht mehr zu steigernder Anspruch. Also gleich aufgeben? Auf keinen Fall! Der beherzte Griff nach den Sternen kann durchaus vernünftig sein. Die Orientierung an einem großen Ideal hilft dabei, dem Willen einen Fokus zu geben. Außerdem hilft sie über den Umstand hinweg, dass die ehrliche Auseinandersetzung mit dem Thema Excellence immer auch eine Konfrontation mit den eigenen Unzulänglichkeiten bedeutet. Mit den ganz persönlichen Unvollkommenheiten und mit den Serviceabgründen in Ihrem Unternehmen, die es wohl überall gibt. Wir jedenfalls haben noch nie ein durch und durch perfektes Unternehmen gesehen.

Das ist kein Grund, den Mut sinken zu lassen. Im Gegenteil. Die Gradwanderung zwischen zwei Abgründen kann ein sehr erhebendes Gefühl sein. Der französische Philosoph André Comte-Sponville hat einmal gesagt, dass der *Mut* der Gipfel sei zwischen den Abgründen *Feigheit* und *Tollkühnheit*.[2] Wir ergänzen: Excellence ist der Gipfel zwischen unwirtschaftlicher Kundenverliebtheit und unmenschlicher Servicebürokratie. Aber: Niemand kann immer auf dem Gipfel leben.

Doch darum geht es auch gar nicht. Es geht um die Einsicht, dass es uns zwar an Excellence mangeln kann, wir aber gerade deshalb versuchen sollten, es jeden Tag ein bisschen besser zu machen. Beharrlich. Beharrlich. Und noch einmal beharrlich. Nicht, indem wir nur an unseren Prozessen feilen. Sondern vor allem an uns selbst. Auch nicht, indem wir nur auf Benchmarks schielen. Sondern indem wir uns um die *Beziehungen* zu unseren Mitarbeitern kümmern und um die *Beziehungen* zu unseren Kunden. Denn:

> **Excellence ist kein Projekt,**
> **Excellence ist eine Haltung.**

Das Erstaunliche daran: Wenn Sie mit dieser Haltung führen, haben Sie weniger Stress, und Sie können Ihre Verantwortung sogar genießen. Weil Sie statt unendlich *viel* zu tun, das *Richtige* tun. Das aber dann auch wirklich richtig. Zu hundert Prozent.

Es gibt einige Unternehmen, die uns zeigen, wie Excellence möglich ist – wie sie gelingen kann. Im Team sammeln wir jede Woche die besten Geschichten. Die wollen wir in diesem Buch mit Ihnen teilen. Lassen Sie sich inspirieren!

Der Kern: Philosophie

Was empfinden Sie, wenn Sie »Firmenphilosophie« hören? *Belustigung* – weil die Formulierungen viel zu oft viel zu abgehoben, grammatikalisch falsch oder schlichtweg absurd sind? *Zorn* – weil der Abstand zwischen Wunsch und Wirklichkeit in den meisten Firmen ziemlich drastisch ist? *Ratlosigkeit* – weil Sie wissen, dass Sie für Ihr Unternehmen dringend eine Philosophie entwerfen müssten, aber nicht wissen, wie das geht?

Hat eine Firma eine Philosophie formuliert, so hängt diese oft ungesehen an der Wand, verstaubt in der Chef-Schublade oder ist in den Archiven der Personalabteilung irgendwo sicher gespeichert, wenn man nur wüsste wo und vor allem wozu! Die meisten Firmenphilosophien werden nicht gesehen, nicht verstanden, nicht gelebt. Vergessen.

Verlacht. Heißt das, wir brauchen keine Philosophie? Doch, wir brauchen sie. Dringend. Ohne Philosophie keine Excellence.

In diesem Kapitel schauen wir uns an, was die Philosophie eines Unternehmens ausmacht: Was sind Werte, was ist eine Vision, eine Mission, warum brauchen wir ein Motto und konkrete Regeln? Warum Ihre Philosophie der springende Punkt für Kundenbegeisterung ist, zeigen wir im zweiten Schritt.

Ohne Philosophie ist alles nichts

Der Wunsch nach einer ordentlichen Unternehmensphilosophie ist schön, gut und wichtig. Leider kann bei diesem Thema aber ziemlich viel schiefgehen.

In einem mittelständischen Unternehmen zog ein selbstgefertigtes Bild in der Eingangshalle alle Blicke auf sich: Die Abdrücke der Hände aller Führungskräfte waren hier in Gips gegossen und zu einem Baum zusammengestellt worden – als Zeichen dafür, dass alle die gemeinsame Philosophie unterstützen. Nun war das Unternehmen aber gebeutelt von internen Problemen, die bei kleinen Intrigen begannen und bei großen Machtspielen noch lange nicht endeten. Intern wurde dieses Kunstwerk deshalb nur spöttisch *Lügenbaum* genannt.

Viele Firmenphilosophien sind nichts weiter als lächerliche Symbole, ältliche Papiertiger mit Eselsohren oder messingfarbene Metalltafeln – das ist faktisch richtig. Das heißt aber noch lange nicht, dass Firmenphilosophien überflüssig sind. Das Gegenteil ist der Fall: Wenn wir zusammen tätig sind (und das sind wir immer – Menschen sind schon seit Millionen von Jahren immer gemeinsam unterwegs), brauchen wir eine gemeinsame Idee davon, was wir tun.

Für wen wir es tun. Wie wir es tun. Und vor allem: Warum wir es tun. Wir müssen wissen, wie der übergeordnete Auftrag lautet, für den wir uns ins Zeug legen.

Haben wir diese gemeinsame Idee nicht, so entwickelt jeder ein anderes Verständnis davon, was zu tun und zu lassen ist, was richtig und was falsch ist. Jeder richtet sich nach irgendeiner Philosophie, die er sich selbst gebastelt oder die er irgendwo aufgeschnappt hat. Und das kann für Ihr Unternehmen geradezu schädlich sein. Zum Beispiel dann, wenn sich jemand in den Wert *Freiheit* verliebt, aber *Verantwortung* nicht mitgedacht hat.

Philosophie steckt überall drin

Denn Philosophie und Ökonomie hängen viel enger zusammen, als wir es auf den ersten Blick für möglich halten. Alles, was Sie über Wirtschaft hören und lesen, und alles, was Berater Ihnen erzählen, ist von Philosophie durchdrungen. Genauer: von Vorannahmen darüber, wie Menschen sind, wie Unternehmen sind, wie die Welt ist, in der wir leben; ob es Zufälle gibt, oder ob es sie nicht gibt, welche Werte Kunden wollen und was sie ablehnen.

W. Kordes' Söhne ist ein Familienunternehmen aus Schleswig-Holstein, das sich seit 1887 der Rosenzucht verschrieben hat. Es gilt als einer der bedeutendsten Rosenzuchtbetriebe weltweit. Eine große Zahl bekannter Sorten geht auf die Zuchterfolge der norddeutschen Rosenexperten zurück.

Tim Kordes und ich verbringen immer wieder einmal einen Urlaub zusammen. Bei unserem letzten Treffen in Ho-Chi-Minh-Stadt fragte ich ihn nach seinem Erfolgsrezept: »Tim, von Hotels weiß ich einiges, aber wenig von Rosen. Was ist dein Erfolgsrezept?«

> In den 1990er-Jahren stand Kordes plötzlich vor einer völlig veränderten Philosophie der Käufer: Fast 100 Jahre lang hatten die Kunden ausschließlich auf Schönheit und Parfum der Pflanzen geachtet und für Spitzenergebnisse einen hohen Pflegeaufwand in Kauf genommen – und den Einsatz von Pestiziden. Dann drehte sich der Wind: Vor allem Städte und Gemeinden wollten robuste, pestizidfreie Pflanzen. Also keine Rosen mehr. Das Unternehmen stellte sich der Veränderung und forschte nach neuen Möglichkeiten, schöne, duftende *und* resistente Rosen zu züchten. Das Ergebnis waren neue Rosensorten unter dem Label »naturstark«, die auch ohne Pestizide prachtvoll wuchsen. Die Kunden kamen zurück, der Umsatz stieg von sechs Millionen Euro im Jahr 1990 auf heute 27 Millionen Euro.

So gelang es einem Unternehmen, sich auf neue Werte zu besinnen: von Duft und Schönheit hin zu Ökologie und Gesundheit. Ähnlich geht es derzeit der Automobilindustrie, deren Kunden zunehmend »intelligente Mobilitätskonzepte« wollen statt beeindruckender eigener Autos. Oder der Musikindustrie, deren Kunden Musik nur noch hören wollen, aber nicht mehr besitzen.

Auch über die Haltung zu den eigenen Mitarbeitern müssen sich Unternehmen immer wieder neu Gedanken machen. Bis heute geistern Vorstellungen aus dem mechanistischen 19. Jahrhundert durch die Welt der Wirtschaft: Etwa, dass durch den Druck auf Knopf A (die Zahlung von Boni) eine exakte Reaktion B zu erwarten ist (die Steigerung der Mitarbeitermotivation). Doch das ist Unsinn. Weder Mitarbeiter noch ganze Unternehmen sind derartig unterkomplex und von ihrer Umwelt isoliert, dass so simple Ursache-Wirkung-Ketten ablaufen könnten.

Einige Zeit, nachdem die Philosophie den sogenannten Poststrukturalismus entdeckt hatte (Ende der 1960er), entwickelten auch

Ökonomen neue Modelle (vorwiegend in den 1990ern): Unternehmen wurden seitdem gerne als vernetzte Gebilde gesehen. Und auch der einzelne Mensch im Unternehmen wurde nicht mehr als Individuum, sondern als vernetztes Gebilde betrachtet. Plötzlich verbarg jeder einzelne Mitarbeiter hinter seiner Fassade ein »inneres Team«, war Teil einer »kollektiven Intelligenz« und wusste vor lauter »Ich-bin-viele«-Gefühlen gar nicht mehr, wer er wirklich war. Auch das sind Gedanken, die allesamt nicht falsch sind und die vielen Einzelnen und vielen Unternehmen bei der Optimierung von Prozessen sehr geholfen haben – aber auch diese Modelle beruhen eben auf Vorannahmen. Auf Philosophie.

Heute gelten derartig *postmoderne* Gedanken bereits wieder als überholt. Der einzelne Mensch darf sich derzeit wieder als Einheit sehen mit einem echten, stabilen Wesenskern. Ordnung darf wieder sein. Authentizität. Und so wundert es nicht, wenn auch Unternehmen wieder verstärkt über das nachdenken, was sie im Innersten wirklich zusammenhält. Ihre Mission. Ihre Werte.

Leider ist dieses Nachdenken heute häufig zu etwas verkommen, das uns an LEGO-Baustellen im Kinderzimmer erinnert. An einem Wochenende wird dann eine Box mit vielen bunten Steinen ausgeschüttet und damit ruckzuck eine Philosophie zusammengebaut. Das funktioniert ganz gut, nur leider ist das Ergebnis wieder nur ein schönes Modell, bestenfalls die Idee eines Soll-Zustands, aber keine gelebte Unternehmensphilosophie. *Philosophie ist kein Kinderkram.* Und deshalb entspringt aus einem kleinen, bunten Visions-Workshop auch niemals große Excellence. Das geht nicht!

Wenn Sie sich mit Ihrer Unternehmensphilosophie auseinandersetzen wollen – und das sollten Sie unbedingt! – dann planen Sie mehr als einen Nachmittag dafür ein. Es lohnt sich, in die Tiefe zu gehen. Immerhin geht es um den Wesenskern Ihres Unternehmens! Zwei Punkte finden wir besonders wichtig.

PRAXISTIPP

Schauen Sie sich immer genau das an, was *hinter* den schönen, einfachen und ach so praxisorientierten »Tools, Tricks und Techniken« steht, die Ihnen überall angeboten werden.

Wie werden *Mitarbeiterinnen* und *Mitarbeiter* gesehen? Als störrische Faulpelze, die jeden Tag mit der Peitsche angetrieben werden müssen? Als ungehorsame Dummköpfe, die engmaschig kontrolliert werden müssen, damit sie nicht alles falsch machen? Oder als unerschöpfliche Quelle für Kreativität, Innovation, Herzlichkeit und damit für Kundenbegeisterung?

Und: Wie werden die *Kunden* gesehen? Als ahnungslose Deppen, die selbst nicht wissen, was sie wollen? Als Störenfriede? Sargnagel? Oder als kompetente, spannende Partner, die meinem Job überhaupt erst Sinn geben und mit denen zusammen die besten Ideen entstehen?

Sehen Sie: So konkret ist das, was wir mit Philosophie meinen.

Was Unternehmensphilosophie wirklich ist

Unternehmensphilosophie klingt immer so kompliziert. Wir können sie uns aber ganz einfach vorstellen.

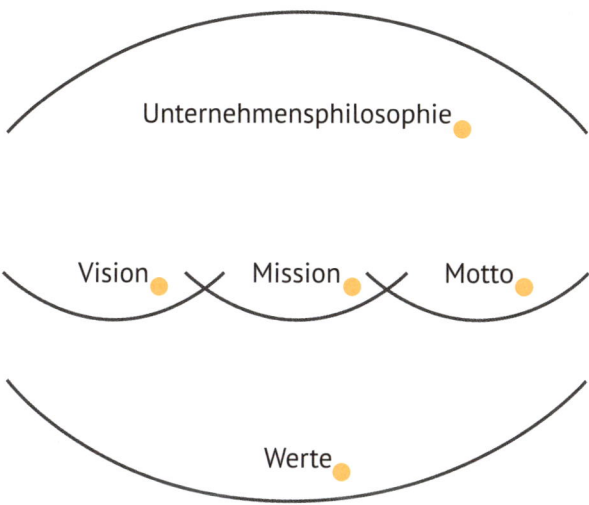

Das Modell hat unten eine Basis, drei Themen im Zentrum und oben ein Dach. Fangen wir unten an, an der Basis. Hier stehen in einem Unternehmen die zentralen Wertvorstellungen. Jedes Unternehmen ist von ganz bestimmten *Werten* getragen, die eng mit der Idee und der Persönlichkeit der Gründer, mit der Unternehmensgeschichte und dem ganz besonderen Angebot verbunden sein können.

Brother: In dem weltweit operierenden Unternehmen für Drucker und Faxgeräte stehen Werte wie Zuverlässigkeit und Unkompliziertheit im Mittelpunkt. Nach dem Motto: *»At your side«*.

Harley-Davidson: Dem traditionsreichen Hersteller hochwertiger Motorräder geht es um Freiheit und Unabhängigkeit. Slogan: *»Live to Ride – Ride to Live«*.

Werte sind die Grundlage

Werte prägen natürlich nicht nur Unternehmen, sondern auch Nationen. Wenn wir *Freiheit, Gleichheit, Brüderlichkeit* hören, so denken wir an Frankreich. Deutschland steht noch immer für die preußischen Tugenden *Ordnung, Zuverlässigkeit, Pünktlichkeit* – Werte, die auf die Unternehmen dieses Landes zurückwirken. Bis heute gibt es die Vorstellung »deutscher Wertarbeit«, die eng mit den preußischen Tugenden verknüpft ist. Umso größer ist der Schock, wenn plötzlich doch Unstimmigkeiten auftauchen wie kürzlich in der Automobilindustrie. Weil in Gesprächen über Werte gerne viel durcheinandergebracht wird, gehen wir mit Ihnen hier noch einen Schritt weiter und bringen Licht in die Begriffe *Ethik und Moral*.

Die Ethik ist den Werten übergeordnet. Ihr geht es darum, »den Sinn des Lebens zu erkunden, zu untersuchen, was das Leben lebenswert macht, oder zu erforschen, welches die rechte Art zu leben ist«, so hat es der Philosoph Ludwig Wittgenstein formuliert. In Unternehmen geht es jeden Tag um ethische Fragen, ohne dass diese so genannt würden. Zum Beispiel bei Personalentscheidungen (»Entlassen wir einen 57-jährigen Mitarbeiter?«) oder bei Produktionsentscheidungen (»Lassen wir in China produzieren oder in Baden-Württemberg?«).

Die Moral sagt uns konkret, welches Verhalten richtig ist und welches nicht. Das brauchen wir, weil wir eben Menschen sind und keine Heiligen. Wir haben eben manchmal Lust, dem Kollegen die Gummibärchen zu klauen (um ein harmloses Beispiel zu nehmen). Wir bekommen von jetzt auf gleich schlechte Laune, wollen lieber in der Sonne sitzen als arbeiten, gehen unserer eigenen Tollkühnheit auf den Leim, sind manchmal eingebildet oder beleidigt. So ist das eben.

Deshalb brauchen wir Verhaltensregeln. Deshalb brauchen wir gut definierte Serviceprozesse und konkrete Leitlinien zu den Themen

Führung, Zusammenarbeit, Umgang mit Kunden, Umwelt, Gesellschaft. Diese können wichtige Details regeln: vom gepflegten Auftreten der Mitarbeiter über die Ordnung der Arbeitsplätze, das Erscheinungsbild der Firma bis hin zum konkreten Umgang miteinander.

Es geht immer um folgende Fragen:

1. Was tun wir konkret?

2. Wie wollen wir es tun?

3. Für wen tun wir es?

4. Warum tun wir es?

Werte sind gelebtes Handeln

Es heißt: Was man messen kann, das kann man managen. Im Prinzip ist das richtig. Aber lassen sich auch Werte messen? Um es gleich zu sagen: Nein.

Dennoch gibt es Versuche, Messlatten anzulegen. So hat zum Beispiel das Beratungsunternehmen *Mortsiefer Management Consulting* die nach Mitarbeiterzahl 200 größten Unternehmen angeschrieben und deren Leitbilder untersucht. Ergebnis: »Erfolgreiche Unternehmen verfügen über qualitativ hochwertige Leitbilder, die sie kommuniziert und umgesetzt haben und als aktive Führungsinstrumente nutzen.«[3] Nun gut. Wie wurde das gemessen? Das Unternehmen prüfte zum Beispiel die Existenz von Textabschnitten (zum Beispiel »Präambel«), außerdem Punkte wie »Ethik« (Wie misst man den Faktor Ethik in einem Leitbild auf einer Skala zwischen 0 und 1?) und schließlich formale Kriterien wie die Veröffentlichung im Internet, den Verweis auf die Unternehmenshomepage oder das

Design (!) des Leitbildes. Dann wurden Punkte verteilt und das Ergebnis schließlich mit Unternehmensdaten kurzgeschlossen. Sie ahnen es schon: Wir finden diese Studie zwar interessant, vermuten aber, dass sie nicht sehr aussagekräftig ist – und zwar aus einem ganz einfachen Grund: Philosophie ist per se nicht quantifizierbar. Ihre Kraft lässt sich nicht so leicht messen wie die Kraft eines Hammerschlags mit einem Hau-den-Lukas-Apparat.

Das bestätigt Kai Hattendorf, Vorstand der Wertekommission – »Initiative Werte Bewusste Führung« (Bonn) in der *Führungskräftebefragung* 2013: »Kennzahlen stellen keine Grundlage zur Messung von Werten dar.« Selbst bei den Unternehmen, die ihre Werte zu messen versuchen, gibt es keine einheitlichen Bemessungsgrundlagen. Weder die Krankheits- oder Fluktuationsquote der Belegschaft noch die Kundenzufriedenheit und auch nicht Audits und Compliancesysteme können messbare Ergebnisse zum Thema »gelebte Werte« liefern. Die Zusammenhänge sind zu komplex. Daher schlussfolgert Hattendorf:[4]

> ### »Werte sind und bleiben gelebtes Handeln.«
>
> Kai Hattendorf

Die Werte müssen dem Kunden schmecken

Wie machen Werte mein Unternehmen nun exzellent? Der Witz liegt darin, dass über die Unternehmensphilosophien eine Passung hergestellt wird zwischen Unternehmen, Mitarbeitern und Kunden. Wer bei Aldi kauft, will ganz pragmatisch günstige Preise, Qualität, Zuverlässigkeit. Persönliche Beratung ist ihm nicht so wichtig. Wer dagegen zu Apple geht, der will *nicht* schnell wieder aus dem Laden raus. Der will *nicht* in erster Linie Geld sparen. Im Gegenteil: Der

will persönliche Beratung und mehr noch, er will zu einer einge-
schworenen Gemeinde gehören, er verbringt gerne viel Zeit in den
weißen Konsumtempeln ebendieser Gemeinde, und er lässt sich das
gerne etwas kosten.

Es ist eine Frage der Unternehmensphilosophie, mit welcher Haltung ein Mitarbeiter einem Kunden begegnet. Bei Aldi ist er eben
auf Discount geeicht, bei Apple auf Gemeinschaft.

Eine solche Haltung mitzutragen gelingt unserer Erfahrung nach nur
Mitarbeitern, die im Unternehmen Anerkennung erfahren und denen Handlungsspielräume offen stehen. Die außerdem auf dem Weg
der eigenen Persönlichkeitsentwicklung nicht mehr ganz am Anfang
sind. Sprich: Es sind Menschen, die die Pubertät hinter sich gelassen haben, aus der jugendlichen Egokapsel ausgestiegen sind und es
schließlich fertigbringen, im Kundenkontakt von den eigenen Be-
findlichkeiten und Bequemlichkeiten abzusehen, um sich auf das
Gegenüber zu konzentrieren. Und zwar ganz. Und das auch noch
ohne Hintergedanken (Boni). Sondern sie handeln aus einer offenen, interessierten, zutiefst menschlichen Haltung heraus. Einfach
so.

Was das konkret heißen kann, zeigen die vielen Geschichten aus
dem Alltag, die wir häufig erleben, wenn wir am wenigsten damit
rechnen:

> **Meine Bankberaterin** rief mich zum Beispiel ausgerechnet in
> dem Moment an, als ich gerade von einer kleinen Operation
> nach Hause kam. »Ich hatte eben eine Vollnarkose und wurde
> wegen der Nebenwirkungen ausdrücklich vor Vertragsabschlüs-
> sen gewarnt«, scherzte ich am Telefon. Doch statt des von mir
> erwarteten »Na dann: Gute Besserung, liebe Frau Hübner. Ich
> melde mich später wieder«, wechselte die Dame die Rolle. Aus

der professionellen Beraterin wurde eine liebevolle Freundin, die fragte: »Sind Sie denn gut versorgt? Oder kann ich Ihnen etwas vorbeibringen?«[5]

So etwas steht in keiner Leitlinie. Aber genau so etwas stärkt die Kundenloyalität. Und so sorgt ein solches, in erster Linie tatsächlich *selbstloses* Verhalten im zweiten Schritt für gute Geschäfte. Heute sind das häufig sogar die guten Geschichten, die sich ganz ohne Marketingabteilung in Sozialen Medien verbreiten. Es sind eben die Menschen, die den Unterschied machen. Die kompromisslose Zuneigung. Nicht die Produkte, die sich ohnehin kaum mehr voneinander unterscheiden.

So viel zu den Werten – der Basis jedes gut geführten Unternehmens. Wenn Sie sich darauf verständigt haben, können Sie einen Schritt weiter gehen.

Die Vision baut auf den Werten auf

Jeder große Geschäftsmann und jede erfolgreiche Geschäftsfrau hat nicht nur genaue Wertvorstellungen, sondern folgt auch einer Vision. Diesen Begriff haben Sie schon oft gehört – vielleicht am häufigsten in der nüchternen Variante von Helmut Schmidt: »Wer Visionen hat, sollte zum Arzt gehen.«

Wir wissen aus Erfahrung: Unternehmer mit überzeugenden Visionen brauchen keinen Arzt. Sie haben die gesündesten Unternehmen! Doch was genau ist eine Vision? Es ist ein Bild der Zukunft. Das Wort Vision kommt vom lateinischen »videre«, das heißt »sehen«. Und das ist entscheidend. Haben Sie ein Bild vor Augen, wenn Sie hören: »Wir wollen die Bedürfnisse unserer Kunden verstehen und

unsere Geschäftsprozesse auf Wirtschaftlichkeit hin optimieren?«
Wir auch nicht. Haben Sie ein Bild vor Augen, wenn Sie hören:

Fitness First will die Welt zu einem fitteren Ort machen.

IKEA will den vielen Menschen einen besseren Alltag schaffen.

Wikipedia: Stell dir eine Welt vor, in der jeder einzelne Mensch
freien Anteil an der Gesamtheit des Wissens hat.

Ja, wir können uns diese Visionen sehr gut vorstellen. Fällt auch Ihnen etwas auf an den oben zitierten Visionen? Keine einzige zielt
auf den Erfolg des Unternehmens selbst. Keine zielt auf Umsatz, auf
Marktanteile. Jede reicht über sich hinaus und will das Leben der
Kunden verbessern. Diesen Zusammenhang hatte Walther Rathe-
nau schon 1916 erkannt: »Ich möchte behaupten«, schrieb er, »dass
wer am persönlichen Geldgewinn hängt, ein großer Geschäftsmann
überhaupt nicht sein kann.« (*Vom Ziel der Geschäfte*, 1916)

Nun: Eine Vision baut eben nicht auf Ihrer Brieftasche auf, sondern
auf Ihren Werten. Sonst ist sie keine. Eine Vision zeigt Ihnen und
Ihren Mitarbeitern, wovon Sie träumen und wo Sie hinwollen. Eine
Vision zeigt auch den Strategen in Ihrem Unternehmen, in welche
Richtung sie weiterdenken sollten. Denn: »Strategische Planung ist
wertlos ohne strategische Vision« – davon ist der mittlerweile hoch-
betagte US-amerikanische Trendforscher John Naisbitt überzeugt.[6]

Drei Kriterien für eine wirksame Vision

Obwohl das Prinzip ganz einfach ist, geht bei der Formulierung von
Visionen eine Menge schief. So viel, dass Sie überall in der Literatur
lange Auflistungen von Kriterien finden können, die eine wirksame
Vision erfüllen sollte. Jede Liste ist anders, alle sind ähnlich, keine ist

vollständig, keine gilt als offiziell anerkannte Version. Deshalb haben wir hier eine eigene Fassung entworfen, die diese Listen zu drei markanten Punkten zusammenfasst:[7]

PRAXISTIPP

Sozial: Eine exzellente Vision wird getrieben durch ein Anliegen, das Sie mit Leidenschaft verfolgen und mit dem Sie nicht weniger als *die Welt verbessern* wollen. Eine solche Vision ist groß, herausfordernd und inspirierend.

Bunt: Eine exzellente Vision lässt sich als ein einziges, einfaches, klares, positives, emotionales *Bild* darstellen. Deshalb ist sie für alle verständlich.

Ambitioniert: Eine exzellente Vision ist so weit weg von der *Realität*, dass sie einen Sog der Begeisterung entwickeln kann. Und gleichzeitig so nah, dass sie fassbar und realisierbar bleibt.

Zugegeben: Die oben zitierten Visionen beziehen sich allesamt auf Produkte. Solche können wir uns natürlich viel leichter vorstellen als eher abstrakte Ziele wie »soziale Gerechtigkeit« oder eine »hohe Qualität«. Auch unsere eigene Vision ist eine eher abstrakte:

RichtigRichtig: Kundenbegeisterung. Wir schließen mit Ihnen die Lücke zwischen Unternehmensanspruch und Kundenwirklichkeit. Für die höchste Form der Verbindung – Loyalität.

Welche Bilder tauchen in Ihrem Kopf auf? Wir sehen ihn ganz plastisch vor uns: Es ist der Kunde, der in Ihrem Unternehmen exakt das bekommt, was für ihn relevant ist. Deshalb kommt er immer wieder gerne zu Ihnen. Sehen Sie ihn auch?

Je bildhafter eine Vision ist, desto besser funktioniert sie. Doch welche Visionen sind schon wirklich bildhaft? Um das herauszufinden, hat der Lehrstuhl für Psychologie der Technischen Universität München die Visionen von sechs ausgewählten DAX-30-Unternehmen auf den Prüfstand gestellt: Deutsche Telekom, BASF, E.ON, Linde, TUI (seit 2008 nicht mehr im DAX-30) und Continental. In der ersten Studienrunde beurteilten 140 Teilnehmer, wie leicht beim Lesen der Visionen vor dem inneren Auge ein Bild entsteht. In der zweiten Runde beurteilten die Teilnehmer die sechs Visionen entlang der Kriterien Kommunikation (Wie verständlich ist die Vision?), Motivation (Begeistert sie?), Ambition (Spornt sie an?) und Machbarkeit. In beiden Runden schnitt TUI am besten ab. Warum, erkennen Sie selbst sofort, wenn Sie sich die Vision des Touristikunternehmens vor Augen führen: »The World of TUI is the most beautiful time of the year.«

Klingt das nicht wunderschön? Sehen Sie auch schon Strand und Palmen vor sich? Interessanterweise macht es gar nichts, dass der Satz in sich völlig unlogisch ist: Wie kann ein Ort zugleich eine Zeit sein? Offenbar sieht unser Gehirn großzügig über solche Unschärfen hinweg.

Sieben populäre Irrtümer zum Thema Vision

Andere Fehler in der Formulierung von Visionen verzeihen unsere Mitarbeiter und unsere Kunden aber nicht – und das hat derartig negative Auswirkungen und davon gibt es so viele, dass wir hier für Sie die wichtigsten Irrtümer rund um das Thema Unternehmensvisionen zusammengetragen haben.

1. Eine Vision muss möglichst abstrakt sein. Falsch! »Bei uns steht der Kunde im Mittelpunkt.« Na, toll! Woanders etwa nicht? »Wir liefern Qualität.« Ach was! Solche Visionen sind keine

Visionen, sondern Floskeln. Sie sind austauschbar und passen auf jedes andere Unternehmen der Branche, vielleicht sogar auf jedes Unternehmen der Welt.

2. Eine Vision muss möglichst utopisch sein. Falsch! »Wir bieten den besten IT-Service weltweit.« Für einen Mittelständler aus Osnabrück zum Beispiel ist das ziemlich groß gedacht. Motiviert eine solche Vision irgendeinen Mitarbeiter? Natürlich nicht. Sie amüsiert. Denn es ist offensichtlich, dass der Abstand zur Wirklichkeit zu groß und der Weg zur Weltherrschaft einfach nicht zu schaffen ist.

3. Eine Vision muss möglichst intelligent klingen. Falsch! Wird eine Vision zu akademisch-abgehoben formuliert, spricht sie nicht mehr die Sprache der Mitarbeiter oder der Kunden. So entsteht kein positives Bild im Kopf.

4. Eine Vision muss alle Menschen motivieren. Falsch! Denn das geht leider nicht. Ob eine Vision Wirkung bei einem Mitarbeiter oder bei einem Kunden entfaltet, liegt nicht nur an der Formulierung ebendieser Vision. Die Wirkung hängt auch von impliziten Motiven der Menschen ab, die nicht veränderbar sind. Laut Motivationsforschung sind folgende drei Motive relevant: Das Anschlussmotiv (gemeint ist die Motivation, mit Menschen zusammen zu sein und Freunde zu finden), das Machtmotiv und das Leistungsmotiv. Dockt eine Vision an eines dieser Motive an, kann sie motivieren. Sonst nicht.

5. Aus einer gut formulierten Vision resultiert ein erfolgreiches Unternehmen. Falsch! Das ist zu einfach gedacht. Die Vision ist nur ein Mosaikstein. Wie soll ein Unternehmen erfolgreich sein, wenn ihm relevante Talente fehlen? Oder wenn es keine Ressourcen zur Verfügung stellen kann, um seine Vision zu verwirklichen? Eine Vision allein führt zu gar nichts!

6. Eine Vision bleibt für immer. Falsch! Natürlich kann eine Vision durch die gesamte Geschichte eines Unternehmens wirksam bleiben. Sie muss es aber nicht. Denken Sie nur an die vielen erfolgreichen Unternehmen, die das Feld ihrer ursprünglichen Kernkompetenz irgendwann komplett verlassen haben, weil es keinen Markt mehr dafür gab? Die sich komplett neu strukturieren, andere Unternehmen einverleiben, die Branche wechseln? Natürlich brauchen Sie eine Neufassung ihrer Vision! Dazu kommt, dass Mitarbeiter genau wie Geschäftsführer heute schneller wechseln als je zuvor. So wird ein partizipativ entwickeltes Leitbild schnell obsolet. Nicht zuletzt ändert sich die Technik und damit auch das Relevanzdenken der Kunden: Was vor zwei Generationen noch ein innovativer Service war (Denken Sie an das Telefon in jedem Hotelzimmer!) braucht heute kein Mensch mehr.[8]

7. Ein Unternehmen ohne Leitbild kann nicht erfolgreich sein. Falsch! Laut der Kienbaum-Studie *Unternehmenskultur – Ihre Rolle und Bedeutung* (2009/2010) hat ein Drittel der Unternehmen mit bis zu 400 Mitarbeitern kein Leitbild. Sind diese Unternehmen deshalb nicht erfolgreich? So einfach ist es nicht. Eine über 60 Jahre laufende Langzeitstudie bestätigte zwar, dass die Aktienwertsteigerung bei visionären Unternehmen sechs Mal höher lag als bei anderen Unternehmen der Kontrollgruppe.[9] Dennoch sind Unternehmen mit einer konstruktiven Unternehmenskultur denkbar, die trotz fehlender Formulierung einer Vision so viel richtig machen, dass sie dennoch erfolgreich sind. Umgekehrt: Unternehmen mit einer starken Vision können auf anderen Feldern so viel falsch machen, dass sie trotzdem nicht erfolgreich sind. Was zählt, ist immer das Gesamtbild.

> **Die beste Erfolgsmethode:**
> **Totale Hingabe!**

Die Mission ist der Auftrag

Ein großes Ziel ist etwas ganz anderes als ein konkreter Auftrag. Deshalb ist es sinnvoll, neben der Vision auch noch eine Mission zu formulieren. Vielen Unternehmern fällt dieser Schritt sogar leichter als die Arbeit an der Vision. Folgende Beispiele illustrieren, warum das so ist.

TUI: Das große Ziel des Touristikunternehmens ist »World of TUI is the most beautiful time oft the year«. Gut und schön. Aber was heißt das für jeden Mitarbeiter an jedem einzelnen Tag? TUI hat genau das in einer griffigen Mission auf den Punkt gebracht: »Putting a smile on people's face.« Diese Mission ist überzeugend einfach und auch wirksam, wenn die Vision im Alltagsstress ein wenig zu weit weg erscheint.

LinkedIn: Die Vision der Business-Plattform lautet »Create economic opportunity for every professional.« Sehr bildhaft ist das nicht. Motivierender für das Plattformteam ist da sicherlich die Mission: »Connect the world's professionals to make them more productive and successful.« Jeden Tag Menschen verbinden.

Kraft Foods: Hier wird der unterschiedliche Fokus von Vision und Mission besonders deutlich. Während die Vision auf eine bessere Welt in der Zukunft abzielt (»Helping people around the world eat and live better«), fokussiert die Mission auf die Gegenwart. Auf das konkrete Heute (»Make today delicious.«)

Costa Coffee: Hier zeigt sich geradezu amüsant, wie eine Mission aus einer ganz persönlichen Unzufriedenheit entstehen kann. Das Unternehmen will die Welt vor miserablem Kaffee retten: »Our mission has always been to save the world from mediocre coffee.«

Während eine Vision zeigt, welche Welt sich ein Unternehmen in der Zukunft vorstellt, bringt die Mission also das auf den Punkt, was dazu hier und heute getan werden muss: lächeln, erstklassige Produkte und Dienstleistungen anbieten, Verbindungen schaffen. Klingt doch schon sehr nach Kundenbegeisterung. Oder?

Das Motto bringt Vision und Mission auf den Punkt

Neben der Vision und der Mission steht in vielen Unternehmen ein Motto, ein Slogan, der beides auf den Punkt bringt. Weil diese Zuspitzung eine handwerkliche Herausforderung für Sprachtüftler ist, entsteht das Motto oft nicht als Ergebnis eines Visionsfindungsprozesses, an dem sich Hunderte von Mitarbeitern beteiligen. Oft wird ein solches Motto bei einer Werbeagentur in Auftrag gegeben, die nach wochenlanger Arbeit ein umwerfend simples Ergebnis präsentiert. So einfach, dass man merkwürdigerweise niemals selbst darauf gekommen wäre. Lesen Sie selbst:

Nike: Just do it

Kameha: Life is Grand

Zalando: Schrei vor Glück!

Ebay: Mein Ein für Alles

Lufthansa: Nonstop you

WeLearning: Gemeinsam besser werden

RichtigRichtig.com: Richtig anders. Anders richtig.

Geschichte gemacht hat das Motto *Yes we can!* Mit diesem Slogan wollte der US-amerikanische Präsident Barack Obama zeigen, dass Veränderungen möglich sind, auch wenn sie groß und schwierig aussehen. Zunächst motivierte das Motto Amerika. Der Spruch verbreitete Optimismus und gute Laune wie der populäre Kleinkinder-Comicheld *Bob the Builder* (hierzulande bekannt als Bob der Baumeister), der seine kleinen Freunde seit jeher mit dem immer gleichen »*Can we fix it? Yes we can!*« ermutigt. Wir können das! Na schön. Aber in der schwierigen politischen Realität des Landes reicht ein einfaches »Wir können das« offenbar nicht aus, wenn nicht gleichzeitig gesagt wird, was da eigentlich gekonnt, was überhaupt getan werden soll, wozu das Ganze gut und wann es fertig sein soll. Das Motto brachte Power auf den Punkt. Doch Kraft allein verpufft, wenn sie keine Richtung bekommt.[10]

Die Menschen – seien sie nun Bürger eines Landes, Kunden oder Mitarbeiter eines Unternehmens, wollen immer die ganze Botschaft – den kompletten »Golden Circle«, den Sie in der folgenden Grafik sehen: Was tun wir? Wie tun wir es? Und vor allem: Warum tun wir es?

»Hat man sein *Warum* des Lebens, verträgt man sich mit fast jedem *Wie*«, hat Friedrich Nietzsche einmal gesagt. Führungskräfte müssen ihren Mitarbeitern jeden Tag sagen können, wofür sie antreten und was der Sinn ihrer Anstrengungen ist. Dieser Sinn ist eine stärkere Motivationsquelle als jede Bonuszahlung, Sinn motiviert sogar noch stärker als Entscheidungsfreiheit und ein gutes Betriebsklima.[11]

Wer also weiß, *warum* Excellence in seinem Unternehmen *für den Kunden wichtig ist* – der hat im Idealfall die Unternehmensphilosophie verstanden und ist gerne bereit, sich die Ärmel hochzukrempeln. Das Beantworten der *Warum*-Frage zählt zu den wichtigsten Führungsaufgaben überhaupt.

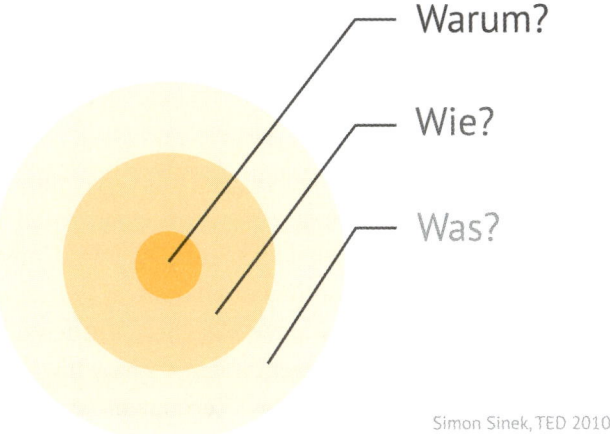

Warum?

Wie?

Was?

Simon Sinek, TED 2010

Übrigens: Wenn Sie wissen, mit welchem *Warum* Sie unterwegs sind, lassen sich auch Rückschläge leichter verkraften. Natürlich ist es furchtbar, wenn Sie den ersehnten und wirtschaftlich auch bitter notwendigen Millionenauftrag nach vielen Anbahnungsgesprächen schließlich doch nicht bekommen. Haben Sie aber Ihre *Warum*-Antwort klar vor Augen, sagen Sie: »Jetzt erst recht! Weiter!« Sie werden letztendlich doch Erfolg haben – wenn auch vielleicht mit etwas anderen Produkten, mit einer etwas anderen Kundenstruktur als zunächst geplant. *So what?*

Ziele wie »dreißig Prozent mehr Umsatz« werden erfahrungsgemäß ohne Antwort auf das *Warum!?* ausgegeben. Typische Reaktion der Mitarbeiterinnen und Mitarbeiter: »Das macht keinen Sinn. Da mache ich nicht mit.« Das sind rein monetär getriebene Ziele, die sicherlich berechtigt sein können – sie haben aber mit der übergeordneten Philosophie eines Unternehmens nichts zu tun. Werden derartige Ziele in einem Unternehmen großgeschrieben und fehlt gleichzeitig überzeugendes Leadership, kann das zu existenziellen Problemen führen. Sprich: zum Niedergang der Motivation. So wie hier.

Ein Finanzdienstleister gab das Ziel aus: Rentabilität steigern! Die Angestellten sollten zusätzliche Aufgaben übernehmen und sich das dazu notwendige Wissen eigenständig aneignen. Zu der Frage, *wie* die neuen Anforderungen bewältigt werden könnten, gab es von der Führung keinerlei Hilfestellung. »Sie müssen lernen, die Prioritäten selbst zu setzen«, hieß es im Zweifelsfall. Leider war aber unklar, wo genau die Prioritäten des Unternehmens lagen. Zur Pflege der Kundenbeziehungen mussten Berater außerdem abends mit ihren Kunden ins Theater gehen oder zu Sportveranstaltungen – erzwungenermaßen »freiwillig«: »Wir können Ihnen den Aufwand für diese Termine nicht vergüten – es ist ja ein angenehmer Zeitvertreib für Sie«, argumentierte die Bank.[12]

Aus Sicht des Controllings ist die Kombination aus verschärftem Druck, erzwungenem Service und weniger Führung vielleicht ein guter Schachzug. In der Praxis gehen solche Spielchen jedoch nach hinten los. Kundenberater, die sich von ihrem Arbeitgeber ausgenutzt und auch noch im Regen stehen gelassen fühlen, werden niemals Spitzenleistungen bringen können. Ohne Warum, ohne Sinn, ohne Wertschätzung und ohne Führung kann kein Mitarbeiter Kunden begeistern.

Verhaltensgrundsätze machen die Philosophie konkret

Wir sind große Verfechter von Verhaltensgrundsätzen, in denen die Metaebene der Philosophie auf die Handlungsebene heruntergebrochen wird. Die Kunst ist es, Orientierung und Freiheit gleichzeitig zu geben. In unserem Unternehmen haben wir zum Beispiel festgelegt, welche Haltung wir gegenüber unseren Kunden einnehmen wollen. Das heißt konkret: Wie genau kommunizieren wir? Wie schnell tun wir das? Wie drücken wir ganz konkret Herzlichkeit, Höflichkeit und Respekt aus?

Diese Verhaltensgrundsätze finden sich auch im Beratungssystem unseres Unternehmens wieder. Hier ein kleiner Ausschnitt:

Für jeden Kunden das Richtige tun
Customer First. Bei uns dreht sich alles um unsere Kunden. Wir unterbrechen jede Tätigkeit, wenn uns ein Kunde kontaktiert, und handeln hilfsbereit, zuverlässig und proaktiv. Unser Ziel: Kundenwünsche zu antizipieren und so jeden Kunden zu begeistern.

Unser Anspruch ist das Bessersein
Wir denken mit, arbeiten konzentriert und handeln vorausschauend. Kundenlösungen entwickeln wir maßgeschneidert und individuell, Produkte gestalten wir hochwertig und zukunftsweisend. Wir präsentieren unsere Leistungen und zeigen unseren Kunden, wie unsere Produkte ihr Leben und ihr Unternehmen bereichern können.

Das ist unser Anspruch an uns selbst. Wie gut wir diesem gerecht werden, können nur Sie entscheiden – als unsere Kunden. Wenn wir selbst als Kunden unterwegs sind, fällt uns auf: Beim Thema »Kunden positiv überraschen« hapert es oft. »Kunden negativ überraschen« aber scheint häufig eine mit Bravour beherrschte Disziplin zu sein. Wir werden ein Gespräch zwischen zwei Stewardessen der Business-Class nie vergessen, die über ihre Passagiere als »90 Kilo Scheiße im dunklen Anzug« sprachen. So laut, dass wir es viel zu gut hören konnten. Ähnliches passiert im Krankenhaus. Auch wenn es gut und richtig ist, dass sich Schwestern und Pfleger von gegebenenfalls überzogenen Ansprüchen der Patienten abgrenzen, sollte ein Satz wie »Ich bin doch nicht Ihr Kindermädchen!« nicht fallen.

Nie. Das geht auch freundlicher, das geht auch klarer, sogar mit einer guten Prise Humor. Oder wurden Sie schon einmal von der Hotline Ihres Telekommunikationsanbieters begrüßt mit »Guten Tag, Sie sind bei uns Bestandskunde ...« Wir schon. Wir waren nicht begeistert. Wer will schon gerne so etwas langweiliges sein wie ein »Bestand«? Wir jedenfalls nicht.

Kunden lieben das, was uns antreibt

Jetzt haben wir hoffentlich ein wenig Klarheit in die Vielfalt der philosophischen Begriffe bringen können. Wie aber kommen Sie nun an Ihre Unternehmensphilosophie, wenn Sie noch keine haben?

Die gute Nachricht: Sie müssen Ihre Philosophie so wenig erfinden wie Sie sich selbst erfinden können. Auch wenn die populäre Ratgeberliteratur gerne das Gegenteil behauptet. Die Arbeit ist schon erledigt. Sie sind nämlich immer schon da: authentisch, komplett, Sie selbst. Da gibt es nichts zu basteln. Ihre Philosophie ist immer schon da. Sie brauchen nur genau hinzuschauen:

Der Gründer der Ritz Carlton Hotels, Horst Schulze, war ein kompromissloser Verfechter von Qualität. An einem meiner ersten Arbeitstage unter seiner Führung traf ich Horst in der Herrentoilette. Wir wuschen uns nebeneinander die Hände. Als er fertig war, trocknete der Hotelgründer persönlich den kompletten Waschtisch mit einem Papierhandtuch ab. Ich fragte erstaunt: »Was machst du da?« Er antwortete genauso erstaunt: »Ich mache den Waschtisch sauber, Carsten, damit sich die Gäste wohlfühlen.« Seitdem ist mir sehr klar, dass in jedem Unternehmen jede Person – vom Housekeeping bis zum Vorstandsvorsitzenden des Ritz Carlton in Singapur – für Kundenbegeisterung steht.

Im nächsten Schritt gilt es das, was Sie in Ihrem eigenen Unternehmen oder in Ihrer eigenen Unternehmerpersönlichkeit entdecken, möglichst genau auf den Punkt zu bringen. Wie Sie das am besten tun, hängt mit dem Lebenszyklus Ihres Unternehmens zusammen.

In der Gründungsphase besteht ein Unternehmen oftmals nur aus einer einzigen Person oder aus einem kleinen Gründerteam. Die Vision des Unternehmens ist die ganz persönliche Vision des Gründers oder seines Teams.

In der Entwicklungs- und Wachstumsphase kommen mehr und mehr Mitarbeiter dazu. Hier wird es zunehmend wichtig, sich gemeinsam über die tragenden Werte, über Vision, Mission und Motto zu verständigen. Damit alle an einem Strang ziehen.

Mit zunehmendem Alter werden viele Unternehmen schwerfällig und verschwenden viel Energie darauf, sich selbst zu verwalten. Jetzt wird in der Führungsriege entschieden: Machen wir weiter? Verkaufen wir? Verändern wir das Unternehmen? Je nach Aufgabenstellung ist es klug und sinnvoll, die Erfahrungen und Kompetenzen der Mitarbeiter an der Basis in die Entscheidungen einzubeziehen. Auch wenn das selbstverständlich aufwendiger ist, als Entscheidungen einfach allein in der Vorstandsetage zu treffen.

PRAXISTIPP

Wenn Sie selbst gegründet haben, ist Ihnen diese Zeit noch lebhaft in Erinnerung. Dann wissen Sie sicherlich auch genau, warum Sie damals gegründet haben. Es lohnt sich, diese Punkte schriftlich zu fixieren:

– Was war Ihr zentrales Anliegen?

– Was konkret wollten Sie tun, um die Welt besser zu machen?

– Wie und warum sind Sie auf diese Idee gekommen?

Oft resultiert das wichtigste Anliegen eines Unternehmers aus einem ganz persönlichen, überwältigend schönen Erlebnis – oder aus einer brillanten Idee. Vielleicht ist es aber auch das Resultat eines negativen Erlebnisses wie einer Wirtschaftskrise oder einer Naturkatastrophe, eines Konfliktes oder sogar Dramas im engsten Umfeld. Auch Identitätskrisen oder Fremdheitserfahrungen in einem anderen Land oder in einem anderen sozialen Milieu können einer Idee zu einem Unternehmen zugrunde gelegen haben.

Was auch immer das Anliegen ausgelöst hat: »So geht es nicht weiter«, sagen Sie sich eines Tages. »Eine bessere Welt muss möglich sein. Dafür trete ich ein.« Bei uns beiden war es genauso. So entdeckte Sabine Hübner das Thema Service für sich:

Meine Eltern führten ein kleines Ferienhotel im Salzkammergut. Hier habe ich einen ur-österreichisch-authentischen, überaus herzlichen und freundlichen Service hautnah miterlebt. Perfekte Service-Excellence ohne jedes Handbuch. Ich nahm an, dass Service selbstverständlich immer so funktioniert, wie meine Großmutter ihn verstanden und gelebt hat. Recht bald stellte ich aber fest, dass Service nicht überall so verstanden wird. Besser gesagt: fast nirgendwo. Seitdem setze ich mich leidenschaftlich für mehr echte Herzlichkeit in Kombination mit klügeren Serviceprozessen ein, die für alle das Leben leichter machen. Und schöner.

Carsten K. Rath hatte während seiner Ausbildung genau das Gegenteil erlebt: grauenhaft gestümperter Servicedienst nach Vorschrift auf einer Hotelterrasse, gepaart mit Arroganz und Ignoranz den Gästen gegenüber. »Das kann nicht sein, dass sich so etwas Service nennen darf«, war er schon als sehr junger Mann überzeugt. »Da muss eine ganz andere Welt möglich sein.« Seitdem ist er auf der Suche nach dem bestmöglichen Service, konnte diesen in einigen der von ihm eröffneten Luxushotels schon ein Stück weit Wirklichkeit werden lassen und unterstützt jetzt zusammen mit Sabine Hübner andere Unternehmen dabei, exzellenten Service aufblühen zu lassen. Dabei fand er sein nächstes Lebensthema: Führung.

Bei Kameha Grand haben wir einfach angenommen, dass unsere Mitarbeiter exzellente Arbeit leisten *könnten* – in vielen Fällen aber durch unsere Prozesse daran gehindert und durch schlechte Führung ausgebremst werden. Darum haben wir die Entscheidungsfindung vom Kopf auf die Füße gestellt. Jeder Mitarbeiter, und zwar vom Abteilungsleiter bis zum Auszubildenden, bekommt bei uns drei Dinge, damit er seine Gäste glücklich machen kann.

– Erstens: die Erlaubnis, alles selbst zu entscheiden, was den Gast begeistern kann.

– Zweitens: Sicherheit. Was auch immer er tut, es passiert nichts, wenn er seine Freiheit nutzt.

– Drittens: die notwendigen Mittel dazu. Sprich: 2.000 Franken pro Gast und Anlass.

Ergebnis: Motivierte Mitarbeiter. Glückliche Gäste, weil ihr Ansprechpartner sagen konnte: »Ich erledige das jetzt für Sie. Ich bin für Sie da.« Das ist es doch, was der Gast will. Nur das.

Die Vision des Gründers kann nur Wirksamkeit entfalten, wenn sie von einem *Anliegen* ausgeht. Wichtig: Ein solches Anliegen ist niemals so profilneurotisch wie: »Ich will als *man of the year* auf das Titelblatt des XY-Magazins«, oder so zahlenverliebt wie: »Wir verzehnfachen unseren Umsatz«. Das sind fixe, realitätsferne und selbstverliebte Ideen, nicht mehr. So etwas kann keine Vision transportieren, und um derartig Tumbes umzusetzen, hilft auch das professionellste Projektmanagement nichts. Das geht nicht. Punkt. Echte Anliegen sind es, mehr Herzlichkeit in die Welt zu bringen, mehr Wissen, mehr Gerechtigkeit, mehr Freiheit. Da gibt es keine unrealistischen Meilensteine, da dreht sich nichts um das Ego, da geht es um andere. Um Kunden. Echte Anliegen entfalten Sogkraft bei Mitarbeitern und Kunden. Narzisstisch getriebene Visionen lösen höchstens Kündigungswellen aus.

Visionen entwickeln in der Wachstumsphase

Wird ein Unternehmen älter, dann wächst es zumeist. Die Zahl der Mitarbeiter steigt, es entstehen Abteilungen, vielleicht eigenständige Unternehmensbereiche. In diesem »fortgeschrittenen Alter« kann es sehr fruchtbar sein, gemeinsam mit ausgewählten Mitarbeitern oder vielleicht sogar mit der kompletten Belegschaft nach der Philosophie zu fahnden, die das Unternehmen derzeit trägt und in Zukunft tragen soll. Dies bietet sich besonders dann an, wenn es »um eine Selbstvergewisserung der eigenen Stärken und Identität« geht.[13]

Externe Berater können Führungskräfte und Mitarbeiter dabei unterstützen, sich selbst und das eigene Handeln auf den Prüfstand zu stellen – sich also selbst zu beobachten und auf diesem Weg Selbstbewusstsein zu entwickeln.[14] In der Praxis funktioniert das sehr gut. Was nicht funktioniert, ist die Abkürzung zu diesem Ziel: Mal eben schnell die Unternehmensphilosophie bei einem externen Berater einkaufen. Das muss ja auch nicht sein – denn das Wissen ist da:

Brother International, ein Hersteller von Druckern, Multifunktionsgeräten, Näh- und Industriemaschinen mit Hauptsitz in Nagoya/Japan, hat sich das Motto »*at your side*« auf die Fahnen geschrieben. »Die Produkte von Brother sollen allen Kunden wie ein Bruder zur Seite stehen«, erklärt Mathias Kohlstrung, Geschäftsführer der Brother International GmbH in Bad Vilbel. »Unauffällig und absolut zuverlässig.«

Um diesen Claim herum wurden im Laufe der Jahre immer wieder neue Wertekataloge entwickelt. Im Jahr 2008 publizierte das Unternehmen ein eigenes Wertebuch: »*B-DNA – What is the Brother Way?*« Es ist das Ergebnis eines internen Verständigungsprozesses: Ein Redaktionsteam – allesamt Mitarbeiter der Brother-Group – hatte 130 Interviews mit Brother-Mitarbeitern geführt und aus diesen Interviews fünf Werte herauskristallisiert: *Innovation, Quality, Vision, Front Line, Challenge.* Um diese Werte noch besser greifbar zu machen, enthielt das Buch außerdem 30 Geschichten aus dem Brother-Alltag, die ebenfalls von den Autoren aufgezeichnet worden waren.

Wer das Bad Vilbeler Unternehmen kennt, wird bestätigen: Hier wird der Claim »*at your side*« ganz selbstverständlich gelebt, darüber hinaus verstehen sich die Führungskräfte und Mitarbeiter auf eine sympathische Art fast klösterlich als »Brüder und Schwestern« – ein Schuss Selbstironie ist natürlich auch dabei.[15]

Die Mühe lohnt sich, Werte gemeinsam weiterzuentwickeln. Wenn alle dahinterstehen, sind sie für alle *richtig*.

Neubestimmung in der Krise

Anders sieht es aus, wenn das Unternehmen in eine Krise geraten ist und neu positioniert werden muss. Hier kann es sinnvoller sein, dass sich zunächst die Führungsspitze darüber verständigt, wohin die Reise gehen soll. Schließlich handelt es sich bei der Führung eines Unternehmens nicht um einen basisdemokratischen Prozess. Eine Firma ist keine Republik. Aber auch hier gibt es Beispiele, die zeigen, dass eine konsequente Partizipation der Mitarbeiter zu einem nachhaltigeren Erfolg führen kann als ein Change Management, das von oben nach unten mit Gewalt durchgedrückt wird.

Die Techniksparte eines mittelständischen Industrieunternehmens steckte in der Krise. Die Abteilung war so schlecht aufgestellt, dass über einen Verkauf nachgedacht wurde. Betroffen waren nicht weniger als 3.000 Mitarbeiter. In dieser Situation bekam die Sparte einen neuen Leiter – einen, der das Steuer herumreißen sollte. Zusammen mit Sabine Hübner stellte er im Rahmen einer neuen Strategie die Philosophie des Unternehmens in den Mittelpunkt. Ein ungewöhnliches Vorgehen für einen Technikchef. Der Erfolg aber gab ihm recht: Nachdem eine Fokusgruppe eine Philosophie mit 16 Grundsätzen für Kundenbegeisterung formuliert und diese mit sehr viel Enthusiasmus in die Mannschaft getragen hatte, ging es mit der Sparte rasant bergauf: Die Mitarbeiter hatten jetzt ein Bild, an dem sie sich auch in schwierigen Situationen orientieren konnten. Heute, zehn Jahre später, ist die Techniksparte innerhalb des Unternehmens vom letzten auf den ersten Platz aufgerückt. Und nicht nur das: Auch der Ruf als Arbeitgeber hat sich enorm verbessert. Engagierte Mitarbeiter ziehen immer wieder neue Bewerber an, die sich ebenfalls mit der gelebten 16-Punkte-Philosophie identifizieren können. Nicht zuletzt sind die Kunden begeistert: Auf die Technik ist tatsächlich Verlass – und zwar kontinuierlich, über Dekaden hinweg.

An dieser Stelle geben wir Ihnen bewusst kein Rezept für einen Philosophie-Workshop an die Hand. Denn wir sind überzeugt: Jedes Unternehmen ist einzigartig. Deshalb muss auch jedes einen einzigartigen Weg gehen. Nur der kann richtig sein.

Wie kommt die Philosophie ins Mitarbeiterherz?

Wie bringen Sie nun Ihre Philosophie zum Mitarbeiter? Vielleicht mit einem Bildungspaket zum Jobstart, vertieft mit einem jährlichen Verhaltenstraining? Sie ahnen es schon: So funktioniert es nicht. Wenn ein Mitarbeiter in ein Training geht, dann hält die Motivation vielleicht vier Wochen, möglicherweise sogar sechs. Echte Veränderung passiert allerdings nicht. Die Philosophie Ihres Unternehmens wird auf diese Weise nicht wirklich verstanden und kann auch nicht mit Leben gefüllt werden.

Wer seine Kunden wirklich begeistern will, braucht regelmäßige, motivierende Impulse und ein durchdachtes Trainingskonzept. Hier liegt der Engpass in vielen Unternehmen. Es mangelt an Inhalten oder Zeit, um selbst ein durchdachtes Konzept zu entwickeln und an Budget, um permanent externe Trainer zu engagieren. In großen Unternehmen kommen so komplexe Kommunikationsstrukturen dazu, dass abteilungsübergreifendes Lernen von vornherein nicht funktionieren kann. Dabei ist die Lösung so einfach.

PRAXISTIPP

Machen Sie einzelne Teamleiter so fit, dass sie ihre Mitarbeiter selbst trainieren können. Nutzen Sie dazu fertig vorbereiteten und auf die Philosophie und die Bedürfnisse Ihres Unternehmens abgestimmten Content, der sich sogar im eigenen Corporate Design darstellen lässt. Investieren Sie jede Woche lediglich 15 Minuten – und das über 24 Monate hinweg. Geben Sie die gelernten Inhalte auf motivierenden Lernkarten mit an den Arbeitsplatz. Wir haben ein solches System entwickelt und in der Praxis erprobt. Ergebnis: souveräne, motivierte Mitarbeiter, die ihre Kunden begeistern und ihnen das Leben leichter machen. Und am Ende stehen mehr Umsatz und bessere Erträge.

Das System hilft die Lücke zwischen Unternehmensanspruch und Kundenwirklichkeit zu schließen. Es greift alle Themen auf, die in irgendeiner Form dazu führen, dass Mitarbeiter mehr im Sinne des Kunden denken und vor allem charmanter, herzlicher und verbindlicher handeln und sich entwickeln. Für mehr Excellence. Für gemeinsames Besserwerden. Für eine gelebte Unternehmensphilosophie und leidenschaftliches Engagement für die richtigen Werte.

Interessiert? Einen ersten Eindruck gibt www.we-learning.com.

Werte brauchen Raum und Ressourcen

Mit der Formulierung einer Philosophie und wirksamem Training allein ist es jedoch nicht getan. Das gesamte Bild muss stimmen: In der Praxis sehen wir immer wieder, dass Unternehmen zwar eine Philosophie entwerfen, aber die Umsetzung in der Praxis nicht zu Ende denken. Sie erklären also zum Beispiel genau, wer sie sind, was sie tun, wie sie es tun und für wen sie es tun. Im zweiten Schritt aber eröffnen sie keinen Spielraum, in dem sich die Philosophie realisieren ließe.

Zentraler Faktor in diesem Spielraum ist Entscheidungsfreiheit in Bezug auf Zeit, Budget und Prozesse. Genau deshalb haben wir im Kameha Grand den Mitarbeitern in einem klar abgesteckten Rahmen maximale Freiheit gegeben. Außerdem haben wir die schon erwähnten 2.000 Franken Sofort-Not-Budget pro Gast zur Verfügung gestellt. Das funktioniert! Und: Nein, das Budget wurde noch nie missbraucht. Im Alltag vieler Unternehmen passiert leider oft genau das Gegenteil. Höchstes Engagement wird gefordert und gleichzeitig wird der Etat gestrichen.

> **In einer Tierklinik** fand eine Mitarbeiterin eines Tages zwischen Umkleideraum und Empfang ein Schild mit folgender Aufschrift vor: »Wenn Sie durch diese Tür gehen, werden Sie der wichtigsten Person im Krankenhaus begegnen – dem Tierbesitzer.« Sie ärgerte sich. Denn einerseits wurde ein hohes Maß an Servicequalität verlangt, gleichzeitig aber wurden Stellen und andere Ressourcen so gekürzt, dass die Tierpfleger ihre Arbeit weder nach der fixierten Philosophie der Klinik leisten konnten, noch nach den eigenen Vorstellungen in Bezug auf einen verantwortlichen Umgang mit Tieren handeln konnten.[16]

Das zeigt: Eine Philosophie allein reicht nicht aus. Werden zentrale Punkte wie Wertschätzung und Entscheidungsfreiheit (bei vorhandenen Ressourcen!) missachtet, verlieren die Mitarbeiter die Lust am Service. Mehr noch: Sie fühlen sich missachtet, verlieren ihr Selbstbewusstsein, werden stinksauer, kündigen. Excellence geht anders.

Worauf es ankommt

1. **Werte** wie Freiheit, Kreativität, Perfektion oder Service-Excellence sind die Basis Ihres Unternehmens.

2. **Hinter den Werten** steht oft ein besonderes Erlebnis des Gründers: eine Faszination – oder eine Krise.

3. **Ihre Vision** baut auf Werten auf. Sie ist ein positives Bild der Zukunft – für Ihre Kunden.

4. **Ihre Mission** sagt Ihren Mitarbeitern, worauf es jeden Tag ankommt. Ganz konkret.

5. **Ihr Motto** bringt Vision und Mission auf den Punkt.

6. **Regeln** helfen über die Stolpersteine des Alltags hinweg.

7. Mehr Mitarbeiter und Kunden, neue Geschäftsmodelle, Märkte und Produkte **verändern Ihre Philosophie.**

8. Eine **Neubestimmung** der eigenen Werte wird deshalb immer wieder notwendig.

9. Mit **nachhaltiger Bildung** lassen sich auch Werte vermitteln. So entsteht Haltung.

10. Excellence und Kundenbegeisterung sind das Resultat einer konsequent durchdachten und gelebten Unternehmensphilosophie.

Die Klammer: Leadership

Fragen Sie zehn Menschen in Ihrem Bekanntenkreis: »Was heißt für dich Führung?« Sie werden zehn verschiedene Antworten bekommen. Die einen hängen an traditionellen Bildern: der starke Kapitän auf der Brücke, der General mit strategischem Weitblick, der väterliche Patriarch mit natürlicher Autorität. Andere sehen eher moderne Figuren: der supervernetzte Drahtzieher, der intelligente Impulsgeber, der empathische Coach. Manche stellen sich Manager wie Maschinenführer vor: Motivation auftanken, Programm einstellen, Programm durchziehen, Qualität prüfen, fertig. Für wieder andere sind Unternehmenslenker rätselhafte Genies oder Künstler. Und immer häufiger hören wir: Führung funktioniert in unserer komplexen Welt gar nicht mehr. Das Ende der Führung ist nah. Um es gleich zu sagen: Wir glauben das nicht. Wir sind überzeugt, dass exzellente

Führung eine Menge damit zu tun hat, ob sich Ihre Kunden für Sie, für Ihre Produkte, für Ihre Dienstleistungen restlos begeistern. Fakt ist:

> **Ein außergewöhnliches Unternehmen darf nicht gewöhnlich geführt werden.**

In diesem Kapitel zeigen wir unterschiedliche Führungsstile und gehen der Frage nach, warum Führung oft so schwerfällt. Wir verraten, wie sich Leadership von gewöhnlicher Führung unterscheidet und zeigen, warum mehr Freiheit im Unternehmen zu mehr Kundenbegeisterung führt.

Führung geht heute anders richtig

»Ich kann es nicht leiden, wenn mich mein Vorgesetzter führen will. Was soll das auch: Ich weiß doch selbst am besten, wie mein Job funktioniert!« – »Was? Ich soll einen Führungsjob übernehmen? Nein, danke. Das mache ich nicht. Warum sollte ich mir das denn antun!?« Hören auch Sie derartige Sprüche in Ihrem Unternehmen? Schwacher Trost: Sie sind nicht allein. Führung hat sich verändert. Das ist der Grund, warum die alten Modelle nicht mehr greifen – auch wenn sie heute noch munter in jedem sogenannten Führungstraining per PowerPoint für wahr und wichtig erklärt werden.

Schöne Modelle – nichts dahinter

Besuchen Sie ein beliebiges Seminar zum Thema Führung – und Ihnen wird eine Auswahl aus folgenden Modellen präsentiert.

Eindimensionale Modelle: Hier werden Führungsinstrumente an einem einzigen Kriterium ausgerichtet. Zum Beispiel an der Möglichkeit, sich an Entscheidungen zu beteiligen. In einem Kontinuum zwischen totaler Autorität der Führung und totaler Autonomie der Mitarbeiter entsteht dann eine Reihe von Zwischenstufen, zum Beispiel »patriarchalisch« oder »kooperativ«. Ein solches Modell haben Tannenbaum/Schmidt im Jahr 1958 entworfen. Sie sehen gleich, was wir davon halten: Wir finden es unterkomplex.

Zweidimensionale Modelle: In den 1960er- und 1970er-Jahren entstanden Modelle, die Führung mit zwei Dimensionen beschrieben – und zwar zwischen Aufgabenorientierung und Mitarbeiterorientierung. So ergab sich ein *managerial grid* mit verschiedenen Stilen. Zum Beispiel *laisser faire* (geringe Orientierung an Aufgaben und an Mitarbeitern) oder *exzellente Führung* (hohe Orientierung an Aufgaben und an Mitarbeitern). Modelle dieser Art stammen von Fleishman/Hemphill (1962) oder Blake/Mouton (1978). Sie sehen gleich: Das ist immer noch unterkomplex.

Dreidimensionale Modelle: In den 1980er-Jahren kamen Modelle auf, die sich an drei Dimensionen orientierten. Hersey/Blanchard entwarfen eine Typologie, die Führung erstens an Aufgaben, zweitens an Mitarbeitern und drittens am *Reifegrad der Mitarbeiter* orientierte (1982). Reddin wählte als dritte Dimension die *Effektivität* der Führung *in einer gegebenen Situation* (1981).

Die dreidimensionalen Modelle kommen dem, was in der Praxis passiert, schon deutlich näher als die eindimensionalen Modelle. Aber wissen Sie nun, wie Führung funktioniert? Theoretisch: Ja. Praktisch aber nicht. Kein Wunder: Das Modell ist im Alltag oft zu sperrig. Studien zeigen sogar, dass eine stur nach Modell vorgeturnte Führung die Mitarbeiter so nervt, dass sie ihre Motivation verlieren. Dennoch hilft die Idee, Mitarbeiter »situativ« zu führen, vielen Führungskräften weiter. Ganz einfach deshalb, weil der situative

Ansatz das, was sie mit gesundem Menschenverstand ohnehin tun, in ein System bringt.

Hersey/Blanchard: Führungsstile nach Reifegrad der Mitarbeiter

Unterstützung

Unterstützend: Die Führungskraft versichert dem Mitarbeiter, dass er alle notwendigen Ressourcen hat. Sie gibt die Aufgaben vor und unterstützt bei Bedarf.	*Begleitend:* Die Führungskraft begleitet den unerfahrenen Mitarbeiter als Coach während der Arbeit. Er unterstützt und gibt Anweisungen.
Delegierend: Die Führungskraft agiert in der Beraterrolle und zeigt die Richtung auf. Den Weg gehen die erfahrenen Mitarbeiter allein.	*Vorgebend:* Die Führungskraft setzt konkrete Ziele, muss den Mitarbeiter dabei aber nur wenig unterstützen, weil dessen Erfahrung ausreicht.

→ *Anweisung*

Hersey/Blanchard: Führungsstile nach Reifegrad der Mitarbeiter

Dazu ein Beispiel, das Sie sicherlich ähnlich aus Ihrem eigenen Unternehmen kennen: Sie finden für Ihr Business Management eine hervorragende Expertin. Sympathisch, eloquent, motiviert, wunderbar in Ihr Team passend. Nur: Diese Expertin war zuvor in einem anderen Kontext tätig. So hat sie vielleicht die Branche gewechselt, zum Beispiel vom Selbstbaumöbelhaus in die Pharmabranche. Oder das Land, zum Beispiel von Österreich in die USA. Sie spricht daher eine »andere Sprache«. Je nach »Migrationsrichtung« klingen die Mails der Expertin für Ihre Kunden zu steif oder zu flapsig. Was tun? »Erst beibringen, dann selbst machen lassen«, denken Sie jetzt? Völlig richtig. Im Hersey/Blanchard-System haben Sie es mit folgenden Feldern zu tun:

> ❯ Im ersten Schritt geben Sie tatsächlich *unterstützende* Anweisungen. Wie stellen Sie sich das passende Verhalten am Telefon vor? Wie sollen E-Mails klingen? Sie entscheiden sich dabei

womöglich gegen den *begleitenden* Stil, weil sich Ihre neue Mitarbeiterin durch ein hohes Maß an Anweisungen in Kombination mit einem ebenfalls hohen Maß an Unterstützung eingeengt gefühlt hätte. Um nicht zu sagen: Für dumm verkauft.

➤ Im zweiten Schritt *delegieren* Sie die Kommunikation komplett an die Mitarbeiterin. Dabei entscheiden Sie sich bewusst gegen stichprobenartige Kontrollen, um Demotivation zu vermeiden. Sie unterstützen nur, wenn es wirklich Bedarf gibt.

Und jetzt mal ganz ehrlich: Wie genau lassen sich »Anweisen« und »Unterstützen« im Alltag unterscheiden? Hilft Ihnen das Anweisen und Unterstützen wirklich weiter? Wir meinen: manchmal ja, oft aber nicht. Ihre Mitarbeiter sind keine Roboter, und Sie sind das auch nicht. Wenn Sie zu verkrampft nach Modell führen, werden Sie in den Augen Ihrer Mitarbeiter zur Lachplatte. Und aus der Büroküche kommen dann Sätze wie: »Wenn der Chef glaubt, er führt, tue ich so, als ob ich arbeite.«

Im Zweifelsfall also weg mit den Modellen. Führen Sie! Und zwar nicht nach Schema F, sondern mit Ihrer ganz eigenen Mischung aus Gefühl und Verstand. Nehmen Sie sich die Freiheit und den Freiraum, Ihren Führungsstil auszuprobieren. Nur so finden Sie heraus, welche Art der Führung im gegebenen Fall *relevant* ist.

Bleiben Sie Mensch! Zeigen Sie Herz und Seele. Führungskräfte müssen überhaupt nicht perfekt sein, auch wenn wir das selbst immer glauben. Das ist einer der Gründe, warum wir uns unfrei fühlen. Warum wir leiden – für nichts.

PRAXISTIPP

Wenn Sie zu den vielen Führungskräften mit scharfem Verstand und einer nicht so übermäßig ausgebauten Empathiefähigkeit gehören – dann nehmen Sie sich einen Partner ins Boot, der Sie ergänzt. Sind Sie ein menschenorientierter Typ mit wenig Lust auf Zahlen, Daten und Fakten, gilt das Gleiche.

Mit Skepsis sind übrigens auch die vielen Führungs*rollen* zu betrachten, die derzeit diskutiert werden. Wenn Ihnen in einem Führungstraining also nahegebracht wird, Sie sollten als Führungskraft alles gleichzeitig sein, vom fürsorglichen Kindermädchen über den verständnisvollen Coach, den knallharten Hochleistungstrainer bis hin zum ausstrahlungsstarken Charismatiker – und in all diesen Rollen auch noch durch und durch authentisch –, dann erheben Sie doch bitte Einspruch. Ohnehin ist es sinnvoll, in Führungstrainings nicht alles für bare Münze zu nehmen. Was nutzen Ihnen die schönsten Modelle, wenn Sie nichts mit Ihrer Realität zu tun haben?

Es gibt kein einziges, »richtiges« Modell der Führung. Es gibt nicht den einen, richtigen Stil und nicht das eine, richtige Rollenset. Jede Führungskraft ist einzigartig, jeder Mitarbeiter, jedes Unternehmen, jede Situation. Manchmal braucht es Konsequenz, manchmal Flexibilität, manchmal eine starke Hand, manchmal eine lange Leine. Keine Führungskraft kann alle denkbaren Ausprägungen irgendwelcher Stile oder Rollen leben. Das geht einfach nicht. Und es ist auch gar nicht notwendig.

Wenn Sie *richtig richtig* führen möchten, tun Sie gut daran, sich in einer herausfordernden Situation gerade nicht nur auf Modelle, Stile oder Rollen zu konzentrieren, sondern *auf den Fall*, in dem Sie gerade stecken. Und das heißt: auf die aktuelle Situation, auf die Menschen, die Ihnen gegenüber stehen. Vertrauen Sie darauf, dass Sie Menschen gefunden haben, die ihren Job wirklich gut machen können und wollen. Vertrauen Sie auf Ihre Erfahrung, auf Ihre Instinkte, auf Ihren gesunden Menschenverstand – und vor allem auf Ihre innere Haltung zu Spitzenleistung. Es geht nicht darum, Führung nach Modell perfekt vorzuturnen. Es geht um Sie. Um Ihre Leute. Um Ihre Kunden. Um all die Menschen, die Sie begeistern wollen. Nein: müssen. Um genau das geht es.

Führung am Ende?

Leider ist das nicht so einfach umzusetzen, zumal Deutschlands Chefs insgesamt »führungsmüde« sind. Laut einer Umfrage der Unternehmensberatung Odgers Berndtson unter 1.200 Führungskräften ist nicht mehr die Führungsverantwortung an sich der wichtigste Motivator im Job, sondern die Möglichkeit, die eigenen Stärken einzubringen und trotz Karriere beweglich zu bleiben. So wünschten sich fast 46 Prozent der Befragten flexiblere Arbeits- oder Präsenzzeiten, jeweils rund ein Drittel sprach sich für eine höhere Akzeptanz von Aus- und Familienzeiten aus, sowie für eine stärkere Orientierung der Karriereplanung an Inhalten als an Hierarchien.

Ein Blick in die Personalia einer beliebigen Fachzeitschrift bestätigt diesen Befund: Da steigt der Vorstand eines Verlags aus seinem gut dotierten Job aus und macht sich selbstständig als Agent und Berater. Da klinkt sich ein Topmanager aus der Automobilindustrie nach Dekaden im Turbojob komplett aus. Neuer Job? Erstmal nicht. Nächstes Ziel: Ironman auf Hawaii.

Was ist passiert? Warum ist die traditionelle Rolle der Führung nicht mehr attraktiv? Wir sehen dafür zwei Gründe:

> ➤ **Autorität macht sehr viel Arbeit:** Vorgesetzte in Unternehmen, Amtsstuben und natürlich im Militär, Lehrer und Eltern

führten vor 100 Jahren noch völlig selbstverständlich mit autoritären Methoden. Heute geht das nicht mehr. Das nimmt niemand mehr ernst. »Autorität aber muss man sich heute verdienen, man bekommt sie nicht mehr geschenkt«, bringt es der Frankfurter Sozialforscher Martin Dornes auf den Punkt. Wie das? Indem Führungskräfte ihre Aufgabe exzellent erfüllen, Kraft ihrer Persönlichkeit wirken, Wirkung erzielen durch Beharrlichkeit. Natürlich ist das anstrengend. Und natürlich ist hartes, autoritäres Durchgreifen viel einfacher. Top-down. Zack-bumm. Deshalb ist es auch nicht erstaunlich, dass Populisten mit markigen Sprüchen wie »Zurück zur Autorität!«, wahlweise »Zurück zur Disziplin!«, regelmäßig großen Zuspruch ernten.[17]

> **Social Media hat Führung verändert**: Heute sind die Mitarbeiter so gut informiert und so dicht vernetzt, dass Führungskräfte häufig ein paar Schritte hinterherhinken. Manchmal wissen sie auch nicht mehr genau, was das Team eigentlich macht. Zudem sind die Mitarbeiter auch mit der Kundenseite bestens vernetzt, Kunden wiederum sind untereinander vernetzt.

Das geht so weit, dass wir nicht mehr wie bisher zwischen Mitarbeiter und Kunden unterscheiden dürfen. Mitarbeitern und Kunden stehen sich nicht mehr wie zwei Fronten gegenüber. Sie spielen vielmehr beide Rollen gleichzeitig oder wechseln schneller die Position, als der Chef geguckt hat.

Der Sohn eines stadtbekannten Spitzengastronomen suchte einen Kellnerjob in einer Restaurantkette, um sich sein erstes, eigenes Geld zu verdienen. Tatsächlich galt der junge Mann als *Charmebolzen* und hätte als Kellner sicherlich viele Gäste begeistert – und nicht wenig Trinkgeld verdient. Um dem Spross des Geschäftsmanns aber, wie sie meinte, ein wenig Realitätssinn und Bodenhaftung beizubringen, verwehrte die Personalleiterin ihm den Kellnerjob und steckte ihn stattdessen als Spüler in die Küche. Auf den nachdrücklichen Wunsch hin, doch näher am Gast sein zu dürfen, ließ sie ihn Sushis rollen – vom Gast getrennt durch eine Glasscheibe. Nach drei Tagen hatte der junge Mann genug von diesem unfreiwilligen Erziehungsprogramm. Er kündigte und informierte sein komplettes, sehr großes Netzwerk über die unerträglichen Zustände im Backstage-Bereich und über die seiner Einschätzung nach inkompetente Führung – kurz: Er empfahl, die Restaurants fortan nicht mehr zu besuchen. So verlor die Kette auf einen Schlag eine dreistellige Kundenzahl. Und potenzielle Mitarbeiter.

Wer heute als Kunde kommt, kann morgen Mitarbeiter sein. Auch umgekehrt. Auch gleichzeitig. Das System ist viel durchlässiger als wir meinen.

Führungskräfte stehen heute vor der Herausforderung, dass sie, erstens, Prozesse nicht exakt steuern und vor allem nicht kontrollieren können und, zweitens, nicht abschätzen können, welche Wellen ihr eigenes Handeln und das ihrer Mitarbeiter – und sei es nur eine kleine Geste! – im unübersichtlichen Meer der Vernetzungen auslösen wird.

Führungskräfte sind, ob sie es wollen oder nicht, in die Dynamik der Netzwerke eingebunden. Alles, was sie tun, kann auf Social-Media-Plattformen in den höchsten Tönen gelobt, bösartig in den Boden gestampft oder ignoriert werden. Jede Kleinigkeit kann sich über interne Netze zu konstruktiven Projekten verdichten oder zu einer Katastrophe aufschaukeln. Wird Ihre Führungskompetenz auf einer Plattform für Arbeitgeberbewertungen wie *www.kununu.com* offen kritisiert, müssen Sie sogar fürchten, dass gute Bewerber ausbleiben oder gar Ihre eigene Karriere ins Stocken gerät.

Führungskräfte können das Geschehen heute nicht mehr komplett gestalten. Gründe gibt es viele: Informationen lassen sich nicht total erfassen, Abläufe nicht total steuern, Mitarbeiter nicht total kontrollieren – und doch werden Führungskräfte für Misserfolge zur Verantwortung gezogen. Nicht zuletzt, wenn es um schlechten Service geht. Wir wundern uns nicht, dass sich immer mehr Menschen diesen Schuh nicht anziehen wollen.

Um Führung wieder attraktiv zu machen, ist es sinnvoll, unserem landläufigen Verständnis von Führung ein Update zu gönnen: Führen heißt heute eben nicht mehr *planen, organisieren, kontrollieren*. Die Zeiten sind vorbei. Heute gilt: im richtigen Moment den richtigen Impuls geben, so dass die vernetzten Mitarbeiter Excellence im Fokus behalten und weiter aufblühen lassen können. Zum Beispiel durch die schönen und berührenden Geschichten, die Ihre Mitarbeiter erlebt haben und auf Ihren Webseiten veröffentlichen dürfen. Der U.S.-amerikanische Onlineversender Zappos macht vor, wie das geht. Er bringt sogar jedes Jahr ein Buch mit Beiträgen von Mitarbeitern heraus.[18]

Richtig führen – Kunden begeistern

Führung funktioniert also nicht mehr nach dem einfachen Muster *Befehl und Gehorsam*? Ja. Junge Führungskräfte finden Führungsrollen nicht mehr attraktiv? Genau so ist es. Heißt das auch: Führung ist am Ende? Nein – und noch einmal nein. Auch wenn heute Führungskräfte bereits demokratisch gewählt werden.

Die Mitarbeiter des Schweizer Talentmanagement-Software-anbieters Haufe-Umantis durften Ende 2013 erstmals ihre Vorgesetzten wählen. Ergebnis: Elf Personen wurden als Manager bestätigt, sieben neu gewählt, drei aufgestellte Kandidaten

wurden nicht gewählt und einer wurde von seinem Team abge-
wählt. »Wir betrachten Führung als Dienstleistung am Team
und nicht als Berufung«, erklärt Marc Stoffel als gewählter CEO
des St. Gallener Unternehmens. Die Mitarbeiter seien die Kunden einer Führungskraft. Sie seien es, die dessen Dienstleistung
am besten beurteilen können. Umgekehrt unterstützten sie diesen Dienstleister dann am meisten, wenn sie sich selbst für ihn
entschieden hätten.[19] Das ist Basisdemokratie in Vollendung.

Haufe-Umantis ist kein Einzelfall: Andere Unternehmen wie zum
Beispiel der U.S.-amerikanische Kunststoffhersteller W.L. Gore,
Hersteller des bekannten Gore-Tex-Materials, lassen ihre Führungs-
kräfte aus ihren Teams wachsen und von diesen bestätigen. Wer vie-
le Follower überzeugt, ist ein »natural leader« (dass daneben auch
Führungskräfte »berufen« und von außen geholt werden, ist dem
Wachstum des Unternehmens geschuldet). Noch weiter geht die IT-
Verbundgruppe Synaxon AG mit Sitz in der Kleinstadt Schloß-Hol-
te-Stukenbrock: Hier werden alle Informationen nach dem Vorbild
Wikipedia radikal geteilt. Jeder darf alles ändern und die Änderung
gilt sofort. Über die Software *liquid feedback* fragt die AG Mitarbei-
termeinungen ab. Die Mehrheit entscheidet. Der Vorstand ist ver-
pflichtet, die basisdemokratische Entscheidung umzusetzen, heißt
es.[20] In »Gefahrensituationen« ist das »Übersteuern durch Führungskräfte« jedoch möglich. Noch weiter geht der Videospiel-
hersteller Valve: Hier gibt es gar keine Führungskräfte mehr. Die
Mitarbeiter entscheiden selbst, was, wie und mit wem sie arbeiten.
Inzwischen wurden aber Stimmen laut, die versteckte Führungs-
strukturen im Unternehmen kritisierten.[21]

Gut und schön: Doch die Freiheit hat ihren Preis. Der heißt: Verantwortung. Denn: Wer trägt das unternehmerische Risiko? Wer
hält den Kopf hin und wer zahlt, wenn etwas schiefgeht? Wer reißt
das Steuer herum, wenn der Laden nicht mehr läuft? Wer schlichtet

Konflikte – und wie? Wer fördert Nachwuchstalente? Und wer sanktioniert Mitarbeiter, für die Excellence ein Fremdwort bleibt?

Wir sind überzeugt: Unternehmen brauchen Führung. Nur funktioniert Führung anders als vor 100 Jahren. Und dieses *Anders* heißt: Führung ist für die Führungskräfte herausfordernder geworden. Nicht *technisch* herausfordernder – deshalb kommen wir jetzt auch nicht mit »Tools« –, sondern menschlich herausfordernder. Denn es geht um Inspiration, um Kommunikation und um Beziehungsqualität.

Führen statt Erbsen zählen

Umso wichtiger wird nun *Leadership*. Was wir damit meinen, lässt sich am besten an einer Geschichte aus der Feder von Steven Covey illustrieren: Stellen Sie sich vor, ein Team soll eine Schneise durch einen Urwald schlagen. Was tut ein Manager? Er teilt die Arbeit ein, sorgt für Werkzeug und Verpflegung. Und ein Leader? Der steigt zuerst möglichst hoch auf den nächsten Baum, um sich Überblick zu verschaffen. Von oben sieht er, in welche Richtung sich das Team bewegen muss. Oder er stellt fest: »Wir sind im falschen Urwald!«

Ein Leader handelt entsprechend! Darauf kommt es an. Es nutzt keinem Unternehmen etwas, wenn sich die verantwortliche Führungskraft Asche aufs Haupt streut, sich zu ihrer Verantwortung bekennt, sonst aber gar nichts tut. Das ändert nichts!

In einer US-amerikanischen Hotelkette habe ich erlebt, was radikale Performance heißen kann: Nach mehreren Pannen, auf die keine Konsequenzen folgten, bat eine relevante Führungskraft alle Anwesenden, den Raum zu verlassen. »Du, Carsten, darfst bleiben«, sagte er zu mir. »Und die Führungskraft, die sich der Verantwortung entzieht, muss auch bleiben.« Dann legte er schlicht und ergreifend seine Schusswaffe auf den Tisch und sagte: »Entweder tue ich jetzt etwas. Oder du tust etwas.« Natürlich war das nur eine leere Drohgebärde, und ich möchte den Gebrauch von Schusswaffen in Unternehmen ausdrücklich nicht empfehlen! Was ich sagen möchte: Als durch diese symbolische Handlung klar wurde, dass jetzt Schluss ist mit dem Gerede und wirklich gehandelt werden muss, tauchte das Problem nicht mehr auf.

Leadership hat nichts mit Hierarchie zu tun. Leadership ist eine Frage der Perspektive, eine Frage der Haltung und auch eine Frage des Charakters. In den vielen Unternehmen, die wir im Laufe der Dekaden kennengelernt haben, durften wir viele echte Leader treffen. Und viele typische Manager.

Dabei haben wir gesehen, dass sich die typischen *old-school*-Führungskräfte benommen haben wie »Vorgesetzte«: Sie forderten ein, wollten Dinge umgesetzt sehen, dachten in Mechanismen und Tools, sahen sogar die Menschen als austauschbare Werkzeuge und fanden den Abstand zwischen *oben* und *unten* wirklich wichtig. Stichwort: Vorzimmerdame. Stichwort: Eckbüro mit Spezialaufzug. Von oben herabschauen ist aber keine Führung.

Warum nicht mal *anders* richtig?

Die besten Leader waren anders: Sie inspirierten, sie liebten »ihre Leute«, sie holten das Beste aus ihnen heraus, manches Mal auch so etwas wie die »dunkle Seite der Macht«: Brutalität im Kampf gegen Wettbewerber, Härte gegen sich selbst. Häufig sind diese Leader alles andere als Musterschüler. Sie haben Chaos auf dem Schreibtisch, sind leidenschaftlich und unberechenbar, erstaunlich kreativ und offen für alles, und zwar vorbehaltlos. Sie sind oft mehr Rocker als Gentleman. Sie interessierten sich nur wenig für Regeln, für Systeme. Dafür sehr für Menschen.

PRAXISTIPP

Lassen Sie doch die Berge auf Ihrem Schreibtisch einfach mal Berge sein und gehen Sie raus, um sich inspirieren zu lassen. Schauen Sie sich moderne Kunst an, sprechen Sie mit exzellenten Menschen – ganz gleich aus welcher Branche. Wechseln Sie radikal den Kurs, wenn Sie es für nötig halten!

Es muss nicht immer Evolution sein, manchmal braucht es auch eine Revolution. Sie sehen das überall: Hätten wir modernes Möbeldesign, wenn die Gestalter vor fast 100 Jahren nicht plötzlich Stahlrohr zu Stühlen gebogen hätten? Hätten wir eine sehr erfolgreiche Hotelkette wie MotelOne, die viel weniger Service als andere Hotels anbietet, das für den Gast wirklich Relevante aber auf höchstem Niveau? Wohl kaum.

Wichtig ist, dass Sie eine solche Revolution nicht von oben anordnen, sondern selbst mittendrin sind. Sonst geht es Ihnen wie dem CEO eines DAX-Unternehmens, dem Folgendes passiert ist:

Der CEO hatte eigens für seine mehrere hundert Mann starke Vertriebsmannschaft ein Megaevent in einem Fußballstadion organisiert. Mit dem Highlight: Alle bekommen Originaltrikots, ziehen sich diese Trikots gemeinsam an und stärken so den Sportsgeist der Mannschaft. Schade nur, dass der CEO sich zu fein war, das Trikot ebenfalls über seinen Anzug zu quetschen. So hatte die geplante Symbolik keinen Sinn mehr. Die Vertriebler fühlten sich verschaukelt und fuhren nicht nur unmotiviert nach Hause, sondern mit einer ordentlichen Portion Wut im Bauch.

Leadership ist erfolgsentscheidend. Klingt gut, nicht wahr? Nur: Wie werden Sie und Ihre Führungskräfte zu echten, zu exzellenten *Leadern*? Eine Master-of-Leadership-Ausbildung (einen »MoL«) gibt es ja leider nicht. Und eine solche Ausbildung kann es auch gar nicht geben, weil Leadership viel mehr bedeutet als das Auswendiglernen irgendwelcher Fakten und Methoden.

> **»Remember the difference between a boss and a leader.**
> **A boss says: ›Go!‹**
> **A leader says ›Let's go!‹«**
>
> George E. M. Kelly

Wir sind überzeugt: Wenn Sie ein erfolgreiches Unternehmen führen, dann stehen bei Ihnen nicht die Entscheider auf der einen Seite und die Mitarbeiter auf der anderen. Exzellente Unternehmen bestehen aus lauter Entscheidern mit einer gemeinsamen Mission: begeisterte Kunden.

Ziele setzen – aber richtig

Oft bekommen Mitarbeiter deshalb Ärger, weil sie etwas nicht erledigt haben. »Der ist faul!«, mutmaßt der Chef. »Ich hatte keine Ahnung, dass ich das tun sollte!«, grollt der Mitarbeiter. Der Grund ist ein ganz anderer: Chef und Mitarbeiter haben nie über den Verantwortungsbereich des Mitarbeiters gesprochen. Und so verlangt der Vorgesetzte die Erfüllung von Aufgaben, die der Mitarbeiter nie für die eigene Sache gehalten hat. Kaum etwas kann mehr demotivieren.

Um Arbeitsprozesse verstehen zu können, brauchen Mitarbeiter gut gesetzte Grenzen und realistische, erreichbare Ziele. Also solche, die auf die Erfahrungen und Kompetenzen des Mitarbeiters abgestimmt sind – und bei denen er die Erreichung tatsächlich selbst beeinflussen kann. Also nicht: »Sorgen Sie dafür, dass der Gast pünktlich ist!« Solange sich Gäste nicht fernsteuern lassen, geht das nicht. Sorry. »Sorgen Sie für einen perfekt eingedeckten Tisch um 12.30 Uhr!« – das geht. Bravo.

PRAXISTIPP

Es ist fast schon ein alter Hut, aber dennoch ein so nützlicher, dass wir Ihnen die Erfolgsformel für erreichbare Ziele hier noch einmal aufschreiben. Sie heißt SMART und steht für:

specific: spezifisch, konkret

measurable: messbar

achievable: erreichbar

reasonable: sinnvoll

time-bound: terminiert

Mitarbeiter arbeiten in der Regel an mehreren Zielen parallel. Daher ist es sinnvoll, alle Ziele sehr genau zu definieren: Was genau soll getan werden? Woran merken wir, dass das Ziel erreicht ist? Warum ist das Ziel wichtig? Wann soll es erreicht sein? Welche Ressourcen sind für die Zielerreichung notwendig?

In der Diskussion kann sich herausstellen, dass der Mitarbeiter die Kompetenzen gar nicht hat, die er zur Zielerreichung braucht. Oder dass das Ziel nicht sinnvoll ist. Oder zu teuer. Fordern Sie Ihre Gesprächspartner heraus, Klartext zu reden. Ganz unabhängig von der Hierarchie. Besser, Sie entdecken diese Denkfehler zu früh als zu spät!

Laut Führungstheorie sind Mitarbeiter bei unterschiedlichen Aufgaben unterschiedlich kompetent. Dementsprechend soll auch die Art und Weise, wie sie geführt werden, angepasst werden: Wenn die Aufgabe neu ist, eignet sich der vorgebende Führungsstil, wenn der Mitarbeiter bereits viele Erfahrungen in einem Bereich hat, braucht er nicht mehr so viel Unterstützung und kann mithilfe des delegierenden Führungsstiles begleitet werden. Und so weiter.

Letztendlich sollen die Mitarbeiter so aufgebaut werden, dass sie selbstständig Entscheidungen treffen und Probleme lösen können. Wenn sie dann soweit sind, kann die Führung mit geringerem Aufwand betrieben werden. Nach Modell gilt diese Reihenfolge: vom vorgebenden, situativen Führungsstil über den begleitenden, unterstützenden bis zum delegierenden Stil.

Das ist zwar richtig. Es passt für Mitarbeiter in der Industrie, in der Hotellerie. Aber das ist Old Economy. In einem StartUp kann es ganz anders aussehen: Da versteht der Eigentümer nicht mehr unbedingt, was die Jungs an der Basis basteln. Ziele werden flexibel. Geschäftsmodelle sehen über Nacht völlig anders aus. Entsprechend muss auch der Führungsstil völlig anders aussehen. Wie genau, das wird im Moment auf Konferenzen rund um den Globus heiß diskutiert: Industrie 4.0, Disruption, Agilität sind die neuen Stichworte. Überzeugende Ergebnisse gibt es noch nicht. Wir sind gespannt, wie es weitergeht!

Maximale Freiheit – für alle

Führungskräfte sehen sich selbst als Entscheider. So bezeichnen wir uns auch selbst gerne – es klingt ja auch gut. Nur besteht unsere Aufgabe als Leader wirklich darin, von morgens bis abends Entscheidungen zu treffen? Nein. Sie besteht darin, die *richtigen* Entscheidungen zu treffen. Also nur wenige. Aber entscheidende. Es gibt genug Entscheidungen, die andere Manager und Mitarbeiter viel besser treffen können als wir, weil sie in ihrem Verantwortungsbereich liegen, in einem Verantwortungsbereich, den wir, wenn wir gute Leader sind, intelligent abgesteckt haben.

Jeder Mitarbeiter muss in seinem Verantwortungsbereich selbst entscheiden können. Der Nachtportier genauso wie der Kellner, die Sachbearbeiterin in der Buchhaltung genauso wie der Mitarbeiter an der Druckmaschine. Aus einem ganz einfachen Grund: Der Kunde will schnelle Lösungen. Sie als Entscheider sind aber nicht am Kunden, sondern das sind genau die Mitarbeiter, die auf der Gehaltsliste oftmals ganz unten stehen. Genau diese Mitarbeiter brauchen, rein logisch gedacht, die größten Handlungs- und Entscheidungsspielräume. Faktisch aber haben genau diese Mitarbeiter in den meisten Unternehmen am wenigsten Freiheit.

Für Service-Excellence ist das eine Katastrophe. Denn Service-Excellence erfordert schnelle Handlungsfähigkeit. Es ist dem Kunden egal, warum etwas nicht funktioniert, wer daran schuld ist, warum irgendwelche Systeme irgendwelche Preise nicht »annehmen« können. Er will nur seine große Saftschorle, seinen Waschmaschinenschlauch. Jetzt. Schnell. Deshalb brauchen Mitarbeiter einen Verantwortungsbereich, der sie maximal handlungsfähig macht. Sie brauchen maximale Entscheidungsfreiheit. Sie brauchen zudem die Sicherheit, dass die Kollegen in den angrenzenden Verantwortungsbereichen ebenfalls autonom entscheiden. Und sie brauchen die Sicherheit, dass sie keinen Ärger bekommen, wenn eine Entscheidung einmal falsch gewesen sein sollte.

Worauf es ankommt

1. **Führungsstile nach Standardmodellen** helfen in der Praxis nur bedingt. Führung ist eine komplexe Aufgabe, die sich nicht auf zwei oder drei Dimensionen reduzieren lässt.

2. **Autorität** hängt heute nicht mehr automatisch an einer Position. Jeder muss sie sich immer wieder neu verdienen.

3. **Eng vernetzte Mitarbeiter** lassen sich nur an der langen Leine führen. Wenn überhaupt.

4. **Beziehungsqualität** ist für den Erfolg von Führung ausschlaggebend. Hierarchie ist es nicht.

5. **Leadership** zeichnet sich aus durch den Blick aufs große Ganze. Ein Stück Unberechenbarkeit gehört dazu.

6. **Eine starke Performance** hilft, wenn Worte nicht wirken.

7. Anweisung und Kontrolle war gestern. Heute braucht es intelligente **Musterbrecher**.

8. Old School-Führung ist in der **Old Economy** noch immer erfolgreich. Führen mit Zielsetzungen funktioniert hier gut.

9. Die **New Economy** ist agiler unterwegs. Langfristige Zielsetzungen können hier lähmen. Mehr Leadership heißt hier oft: weniger Führung.

10. Je höher die Anforderungen an Service-Excellence, desto mehr ist **Freiheit** für die Mitarbeiter existenziell notwendig.

Talentauswahl:
Perlen finden statt Klone casten

Das beste Anderssein ist das Bessersein, sagen wir. Und wir sagen: Excellence ist nur mit den richtigen Talenten möglich. Dann müssen wir wohl auch verraten: Wo sind sie denn, die Kandidaten, die anders sind als Otto-Normaltalent? Die besser sind? Die Schluss machen mit der miserablen Performance, die uns jeden Tag die gute Laune verdirbt? Wo sind sie, die *richtig* Richtigen?

Nun: Wir könnten jetzt einstimmen in das große Gejammer namens »Fachkräftemangel« und Ihnen versichern, dass Sie nur deshalb noch keinen exzellenten Service bieten, weil es sie in unserer »vom Aussterben bedrohten Bevölkerung« gar nicht gibt, die exzellenten Fachkräfte. Dass Sie gar nichts dafür können, wenn Ihr Unternehmen noch meilenweit weg ist von Excellence. Dass die Lage also aussichtslos ist. Das tun wir aber nicht.

In diesem Kapitel geht es um Wege aus dem Fachkräftemangel, um die Folgen von Fehlbesetzungen und darum, wie sich Vorstellungsgespräche endlich sinnvoll gestalten lassen. Wir zeigen, wie Sie die richtigen Talente finden – und warum Charakter, Haltung und Bildung viel wichtiger sind als Begabung.

Sag mir, wo die Fachkräfte sind

Fachkräftemangel gibt es tatsächlich. Aber das gilt nur für wenige Branchen und Regionen, ansonsten handelt es sich um Medienrummel und um ein wunderbares PR-Argument für alle, die ihre Brötchen mit Personalfragen und Demografieprognosen verdienen – und das sind viele.[22] Ist Ihnen übrigens aufgefallen, dass die Zahl der Meldungen zum Thema »Deutschland stirbt aus« praktisch auf null gefallen ist, seit wir die zuletzt recht hohe Zahl der Einwanderer nicht mehr ignorieren konnten? Es war seit vielen Jahren völlig vorhersehbar, dass es verstärkte Wanderungsbewegungen geben würde. Diese Einsicht passte jedoch weder ins Wunschbild noch zum Geschäftsmodell. Also wurde in den Medien lieber über Fachkräftemangel gejammert.

Abschied von Max Mustermann

Fakt ist: Exzellente Fachkräfte sind da. Sie schauen nur manchmal ein wenig anders aus als die Klischeevorstellung der Personaler.

Ein Grand Hotel hatte einen Bewerber aus China, der kaum ein Wort Deutsch sprach. Alles, was er konnte, hatte er sich selbstständig mit Onlineprogrammen beigebracht. Doch er war wild entschlossen, in Deutschland eine Ausbildung und anschließend eine Karriere in der Hotelbranche zu machen. Er überzeugte. Nach der Ausbildung zeigte sich: Er war nicht nur in Sachen Service sehr viel besser als seine einheimischen Kolleginnen und Kollegen, sondern übertrumpfte sie außerdem im Fach

Rechtschreibung – und schloss seine Prüfungen als bester Absolvent des gesamten Bundeslandes ab. Zugegeben: Mit ihm war die Führung ein Risiko eingegangen – aber es hatte sich gelohnt. Das zeigt: Leidenschaft ist ein enorm starker Motor. Alles lässt sich trainieren, aber nicht diese Haltung. Der junge Kandidat hat später wirklich Karriere in der Hotelbranche gemacht.

Um es zuzuspitzen: Die Zahl der rasend gut aussehenden, blutjungen, top ausgebildeten Bewerber aus gutem Hause mit reichlich Auslandserfahrung, vier verhandlungssicheren Sprachen und Doppelstudium ist begrenzt. Und: Außergewöhnliche Bewerber lassen sich nicht mit gewöhnlichen Recruitingmethoden finden. Denn gewöhnliche Methoden spülen gewöhnlich »geföhnte Bubies und Barbie-Puppen im Business-Look« ins Unternehmen.[23] Durchschnitt statt Excellence.

Nun gibt es Unternehmer, die denken sich: »O.K., dann denke ich ein wenig quer und wähle meine Kandidaten möglichst, vielleicht bei einer Wanderung in den Alpen, auf einer Lego-Baustelle oder in einem Internet-Ballerspiel aus!« Alle diese Fälle gibt es tatsächlich! Nur fürchten wir, dass die Unternehmen auch damit nicht wirklich weiterkommen. Denn quer gedacht ist noch lange nicht *richtig* gedacht. Kreativ gedacht ist nicht zwingend relevant gedacht. Und anders denken heißt noch lange nicht, den Nagel auf den Kopf zu treffen. Anders ist nicht gleich relevant. Denn was sagt ein Gipfelsturm, eine Legomonumentalbauplanung oder der Sieg über den *endboss* über Excellence im Job aus? Nichts. Gar nichts.

Besser erscheinen uns da die Strategien, die *anders* mit *relevant* verbinden:

SAP: Das Softwareunternehmen SAP sucht gezielt nach begabten Autisten für spezielle Programmierarbeiten.

Discovering Hands (www.discovering-hands.de) ist ein Projekt, das den überlegenen Tastsinn blinder und sehbehinderter Frauen einsetzt. Zu einem ganz besonders wichtigen Zweck: um möglichst früh und sicher Brustkrebs zu erkennen.

Andere erfolgreiche Unternehmen, die *anders* und *relevant* zusammendenken können, werben Fachkräfte mit besonderen Kompetenzen aus anderen Branchen ab: So zeichnen sich im Kundenkontakt exzellente Mitarbeiter aus der Tourismusbranche mit ihrer hohen Verbindlichkeit und kaum zu übertreffenden Freundlichkeit zum Beispiel hervorragend als Businessmanager aus. Einer unserer Kunden aus der Automobilbranche hat übrigens großen Erfolg damit erzielt, professionelle Weinverkäufer als Serviceberater einzustellen. Hier fand er Menschen mit Geschmack, die gerne mit Kunden sprechen!

Gute Noten sagen gar nichts

In den meisten Unternehmen wurden weder relevante Kriterien noch strategische Konzepte rund um das Thema Talentauswahl festgelegt. Vor lauter Ratlosigkeit werden dann Bewerber eingestellt, die gute Noten mitbringen. Nach dem Motto: Ein gutes Testsiegel ist ein guter Anfang. Aber heißt eine volle Punktzahl in Altgriechisch, dass der Kandidat Sinn für Excellence mitbringt? Natürlich nicht.

Oft werden auch Bewerber eingestellt, die so sind wie alle anderen Mitarbeiter. Insbesondere so, wie der auswählende Interviewer. Oder wie der Chef. Stellen Sie sich das einmal auf dem Fußballfeld vor: elf Stürmer, oder noch schlimmer, elf Torwarte. Der Moment des Wiedererkennens eines alten Musters löst ein angenehmes

Gefühl im Personalerbauch aus – vielen reicht das schon als Indiz, um einen Kandidaten einzustellen. So kommt es, dass in einer Firma lauter erbsenzählende Biedermänner unterwegs sind und in der nächsten Firma lauter innovative Chaoten – und sich die ersten über ihre geringe Innovationskraft beklagen, während sich die zweiten wundern, warum sie die Finanzen nicht in den Griff bekommen. Das ist auch der Grund dafür, dass in vielen Unternehmen alle Mitarbeiter aus der gleichen sozialen Schicht stammen. Sie bekommen auch mit schlechteren Qualifikationen die Jobs, »nur weil sie den richtigen Anzug getragen und gewusst haben, auf welche Art von Small Talk der Personalchef anspringt«.[24]

Fakt ist: Mit dem Prinzip »Musterschüler« und mit der Methode »Gleich und gleich gesellt sich gern« – manche sprechen auch von »ähnlichem Stallgeruch« – finden Personaler gerade *nicht* solche Kandidaten, mit denen sich Excellence leben lässt. Nur immer mehr des Gleichen.

Vorsicht: Corporate Monkeys!

Sie sind zahlreich, die Vertreter dieser besonderen Spezies: Carsten Rath nennt sie Corporate Monkeys. Das sind die Mitarbeiter, die so flink wie freche Affen die Karriereleiter hochklettern, um oben die dicksten Kokosnüsse abzugreifen. Um als Erste hochzukommen, nehmen sie alles in Kauf: Sie kaufen das richtige Auto, die richtige Uhr, den richtigen Anzug, sprechen die richtige Sprache, lassen sich mit den richtigen Machthabern blicken. Sie sind zielstrebig, sie sind erfolgreich.

Aber sie sind ein dickes Problem für jedes Unternehmen: Ihr Affenhirn ist gepolt auf Kokosnüsse. Geld und Macht. Jetzt. Abstraktere, größere Ziele, also solche, die ein Unternehmen langfristig erfolgreich machen, sind diesen Hirnen nicht zugänglich. Warum gibt es in so vielen Unternehmen trotzdem so viele Corporate Monkeys?

Weil Personalentscheider auf den richtigen Anzug achten. Und nicht genug auf den, der im Anzug steckt.

Fehlbesetzungen sind richtig teuer

Um es gleich vorwegzunehmen: Der falsche Kandidat am falschen Platz kann teuer werden. Laut der Umfrage *Recruiting Trends 2014* der Münchner Personalberatung Pape, an der 2.800 Personalchefs und Geschäftsführer teilgenommen haben, kosten personelle Fehlentscheidungen zwischen 30.000 und 100.000 Euro. Gut ein Drittel der Befragten gab zu, in den vergangenen sechs Monaten mindestens einen falschen Mann oder eine falsche Frau eingestellt zu haben. Warum? Fast ein Viertel gab an, es habe keine bessere Bewerbung vorgelegen, jedem fünften war der Zeitdruck zu groß.

Im Vertrieb und im Management, so heißt es in der Studie, richten Fehlbesetzungen den größten Schaden an. Das klingt logisch. Aber wir glauben das nicht. Wir glauben, dass jeder schlecht ausgesuchte *doorman* vor einem Hotel und jede schlecht gecastete Empfangsdame in welchem Unternehmen auch immer großen Schaden anrichten kann. Das kann ein IT-Unternehmen genauso treffen wie den praktischen Arzt um die Ecke.

In der Hausarztpraxis telefoniert die Arzthelferin, als Sie die Praxis betreten. »Wissen Sie überhaupt, wer ich bin?«, pflaumt sie ins Telefon. »Jetzt probieren Sie doch das Medikament erst einmal aus, bevor wir neues Zeug bestellen!« Dann knallt sie den Hörer auf die Gabel und zischt in Richtung Kollegin: »So ein Idiot.« Um sich dann mit einem verkniffenen Lächeln Ihnen zuzuwenden. »Ja, bitte!?« Was schießt Ihnen sofort durch den Kopf? »Ach du liebe Zeit, da suche ich mir lieber einen neuen Arzt ...«

»Vertrauen kommt zu Fuß und geht zu Pferde«, sagt ein nieder-ländisches Sprichwort. Das heißt: Sie können Ihren Kundenstamm über Jahre mit großer Hingabe aufbauen – und Sie können ihn an einem Tag verlieren, wenn Ihre Damen und Herren am Empfang Mist verzapfen.

Nachhaltiges Wachstum und eine stabile Kundenloyalität sind abhängig von jedem einzelnen Mitarbeiter in Ihrem Unternehmen – ganz gleich, auf welcher Hierarchieebene er angesiedelt ist. Seit der Vernetzung aller mit allen spricht sich nämlich der Fauxpas Ihrer kleinsten Aushilfskraft genauso schnell herum wie ein Ausrutscher in Ihrer Führungsetage.

Talentauswahl ist Chefsache

Das Thema Talentauswahl ist existenziell und erfolgsentscheidend für Ihr Unternehmen. Es handelt sich keinesfalls um lästiges »Gedöns«, das, bitte schön, an die Personalabteilung delegiert werden kann. Genauso wie ein einziger Mitarbeiter Ihren guten Ruf ruinieren kann, hat vielleicht auch ein einziges Nachwuchstalent exakt die Idee, die Ihr Unternehmen in der kommenden Dekade über sich selbst hinauswachsen lässt. Als Unternehmer tun Sie also gut daran, sich über das Thema Personal erheblich viele Gedanken zu machen – und neu eingestellte Führungskräfte in den ersten 100 Tagen sehr genau zu beobachten.

Einer meiner Mentoren hat mir einmal gesagt: »Lieber Carsten, wenn deine Gäste und deine Mitarbeiter zufrieden sind, aber du keine Profite machst, dann helfe ich dir. Wenn deine Mitarbeiter zufrieden, deine Profite gut, deine Gäste aber unzufrieden sind, dann helfe ich dir auch. Wenn deine Gäste zufrieden, deine Profite gut, aber deine Mitarbeiter unzufrieden sind, dann werfe ich dich raus!« Zugegeben: Das hat mich damals vor den Kopf gestoßen. Heute weiß ich: Der Mann versteht etwas von Haltung, von Führung und von nachhaltigem Wachstum. Wie man die richtigen Führungskräfte findet, hat er mir damals leider nicht verraten.

Nicht jeder ist ein geborener Leader

Das Wachstum eines Unternehmens ist eng mit dem Erfolg einzelner Personen verbunden – vor allem mit solchen, die an der Spitze stehen. Beobachten Sie nur die Aktienkurse bei Änderungen im Topmanagement, und schon wissen Sie, was wir meinen. Seit Social Media neben den Gesichtern aus der Chefetage prinzipiell *alle* Gesichter des Unternehmens sichtbar macht, gilt umso mehr: Kopf *ist* nicht nur Kapital. Kopf *schlägt* Kapital.[25]

Ein einziges Talent kann Ihnen Hunderte neuer Kunden bringen, und ein einziges Trampeltier kann Hunderte vertreiben. Beim Aufbau echter Kundenloyalität entscheidet jeder einzelne Kontaktpunkt, und sei er noch so winzig. Talentauswahl ist auf allen Ebenen Chefsache – weil Kundenbegeisterung nicht nur etwas mit Dienstleistung zu tun hat, sondern auch mit Kundenführung. »*Wer klug zu dienen weiß, ist halb Gebieter*«, wusste schon der römische Dichter und Denker Publilius Syrus.

Das gilt nicht zuletzt für die oberen Führungsebenen. Doch hier erleben wir regelmäßig Erstaunliches: Wenn es um die Auswahl der Firmenwagen geht oder um intern verwendete Computerprogramme, recherchieren Unternehmen wochenlang. Doch eine Führungskraft wird häufig zwischen Tür und Angel angeheuert. Man kennt sich, man versteht sich unter Gentlemen – um nicht zu sagen: unter Gutsherren –, da braucht es keine kritische Analyse der Kompetenz, der Intelligenz, der Kommunikationsfähigkeit, der Kritikfähigkeit – und vor allem: der Integrität. Wirklich nicht?

Wer Führungskräfte in die eigenen Reihen holt, die in Sachen Leadership, Management Skills und Soft Skills schlecht aufgestellt sind und noch typische Chefneurosen wie einen ausgeprägten Narzissmus mitbringen, der braucht sich nicht zu wundern, wenn sich Spitzenleistungen für begeisterte Kunden im Unternehmen entwickeln wie eine Trockenpflanze in der Dekoabteilung: keine Blüte, nur Staub.

Die Studien aus dem Hause Gallup zeigen immer wieder, dass die Ursache für mangelndes Engagement von Mitarbeitern immer zuerst in den Chefetagen zu suchen ist. In der Studie »State of The Global Workplace« empfiehlt Gallup deshalb, Führungspositionen nicht als lohnendes Ziel jeder Karriere anzusehen, sondern als einzigartige Positionen, für die besondere Fähigkeiten und Begabungen notwendig sind, und die vonseiten des Unternehmens idealerweise durch einen intelligenten Mix aus Bildung und vor allem Mentoring aufgebaut werden. Das zeigen auch unsere eigenen Erfahrungen:

»**Warum geht es eigentlich nicht schneller** mit meiner Karriere«, fragte ich meinen Mentor mit Mitte zwanzig, als ich ein Hotel in China führte. »Lieber Herr Rath«, sagte dieser Mentor zu mir: »Sie haben keine Liebe für's Detail.« »Was meinen Sie damit?«, fragte ich. »Gerade ich bin doch bekannt dafür, dass mir kein Detail entgeht!« Daraufhin führte mich mein Mentor durch mein eigenes Hotel, er zeigte mir hier eine durchgebrannte Glühbirne, da ein schief hängendes Schild und dort kleinste Staubmäuse in der Ecke. »If you look, boy, you see!« – diesen Satz bekam ich nach dem unangenehmen Rundgang zu hören, und diesen Satz habe ich nie wieder vergessen. Er hat meine Einstellung zu Excellence ganz entscheidend geprägt. Es gilt, die Details zu lieben. Das hat etwas mit Perfektion zu tun. Mit Kompromisslosigkeit. Vor allem aber mit der Liebe zu den Kunden, die ich glücklich machen kann.

Fakt ist: Leadership, Talentauswahl und Bildung wirken sich insbesondere auf den oberen Führungsebenen erfolgsentscheidend aus – und eben nicht nur an der Basis, wenn es um die Auswahl typischer Servicemitarbeiter wie Reinigungskräfte und Doormen geht.

Und wie findet man sie nun, die exzellenten Kräfte?

Wenn das Vorstellungsgespräch zum Laientheater wird

Bei der Talentauswahl setzen die meisten Unternehmen auf das klassische Vorstellungsgespräch. Sie kennen das Spiel: Diese Gespräche laufen immer nach dem gleichen Muster ab. Die Interviewer auf der einen Seite des Tischs haben ihre Fragenkataloge auswendig gelernt – und die Bewerber auf der anderen Seite des Tischs haben die passenden Antworten ebenfalls auswendig parat. Was ist das eigentlich? Laientheater?

Eine Forschergruppe der Universitäten Zürich und Saarland konnte tatsächlich zeigen, dass sich das Bewerbungstheater über die Jahrzehnte verselbstständigt hat. Personaler und Bewerber sind sich offenbar einig darüber, wie man sich in Vorstellungsgesprächen zu verhalten hat. Beide Seiten wissen, wie das Theaterstück also funktioniert. Die Folge: Nicht die Bewerber bekommen den Job, die am meisten für den Job geeignet sind, sondern diejenigen, die die Erwartungen der Recruiter in der Situation Vorstellungsgespräch am besten erfüllen.[26] Die besten Schauspieler also. Die mit der besten »Kompetenzdarstellungskompetenz«.[27]

Wir sind überzeugt davon, dass dieser Unsinn jedes Jahr eine Menge Geld kostet, und jedes Jahr herzlich wenig zu Kundenbegeisterung beiträgt. Wir unterhalten uns deshalb einfach mit unseren Bewerbern. Ohne starre Fragenkataloge.

Als wir für das Kameha Grand Zürich Mitarbeiter suchten, stellte sich in einem dieser informellen Gespräche heraus, dass sich ein Bewerber »tierisch« darauf gefreut hatte, bei »Kamel« zu arbeiten. Ein anderer fragte frei heraus: »Kameha? Was ist Kameha?« Und wieder eine andere Bewerberin war sich ganz sicher, dass sie über super Erfahrungen für den neuen Job verfügt: »Wissen Sie, ich habe auch schon einmal in einem Hotel übernachtet.«

Sehen Sie? Wenn sich Kandidaten im lockeren Gespräch derartig schwungvoll selbst aus dem Rennen kegeln, fällt die Wahl der richtigen Mitarbeiter nicht mehr so schwer. Das gleiche Prinzip erleben Sie, wenn Sie die formalen Anforderungen an die schriftliche Bewerbung lockern. Das haben wir auch erlebt: Ein Barkeeper nutzte die Chance, sich mit Oben-ohne-Foto zu bewerben. Er dachte offenbar, es ginge im Job um seinen Bauchmuskel-Sixpack – statt um Drinks für die Gäste …

Wie Sie die richtigen Talente finden

Weder das Kriterium »gute Noten«, noch das Kriterium »ähnlicher Stallgeruch« und erst recht nicht das Prinzip »kompetenter Eindruck im Vorstellungsgespräch« helfen Ihnen also dabei, die richtigen Kandidaten zu finden. Talent übrigens auch nicht.

Talent allein reicht nicht

Begriffe wie Talent oder Begabung werden zwar hoch gehandelt. Was tun wir nicht alles, um verborgene Talente in unseren Mitarbeitern, in unseren Kindern und auch in uns selbst wach zu kitzeln. Nach dem Motto: »Irgendwo muss sie doch stecken, die Begabung – nein, die

Hochbegabung!«»Wenn wir sie erst gefunden haben, dann starten wir voll durch!« Vom Tellerwäscher zum Millionär. Sie kennen diese Phantasien genauso gut wie wir. Und wir wissen alle, dass sie trügerisch sind – und eigentlich genauso überflüssig. Denn es ist ohnehin völlig umstritten, was Begabungen oder Talente eigentlich sind, woher sie kommen und was sie bringen.

Charakter ist unserer Einschätzung nach viel wichtiger als Talent. Denn Talent allein ist zwar eine schöne Voraussetzung, aber noch lange keine Garantie für herausragende Leistungen – wie zum Beispiel für Kundenbegeisterung.

Dass nur mit mindestens 10.000 Stunden Übung aus einem Talent eine Meisterschaft wird, ist spätestens seit dem Buch *Überflieger* des amerikanischen Publizisten Malcolm Gladwell bekannt. Also macht das willensstarke Abarbeiten von Übungsstunden allein immer noch keinen exzellenten Mitarbeiter. Wie finden Sie trotzdem Talente? Dazu drei viel versprechende Beispiele:

Globetrotter: Hauptsache, weit gereist. Der Schweizer Reiseveranstalter *Globetrotter* beschäftigt fast ausschließlich Quereinsteiger. Denn ausgebildete Reisekaufleute konnten zwar wunderbar bunte Kataloge aus den Regalen ziehen, brachten aber tendenziell nicht das mit, was der ehemalige CEO André Lüthi suchte: Passion fürs Reisen und auch Passion für Sport.
Also dachte er sich ganz andere Kriterien aus, um die richtigen Talente zu finden: Jeder »Globi« muss mindestens drei Kontinente für zwei Monate bereist haben – und jedes Jahr aufs Neue zwölf Wochen verreisen. »Wir möchten unserem Kunden zeigen, dass wir ihn verstehen«, erklärt Dany Gehrig, der die CEO-Position von Lüthi übernommen hat. So hat das Unternehmen eine interne Datenbank aufgebaut, in der Kunden ihren Berater nach Profil aussuchen können. Zum Beispiel: »Kennt Nepal, hat

Biken als Hobby.« Gehrig: »Auf diese Art und Weise können die Erfahrungen unternehmensweit genutzt und weitergegeben werden und wir weiten unser Geschäftsmodell ständig aus.«[28]

Heineken: Achtung, Feuerprobe! Eine intelligente Mischung aus Social-Media-Markenwerbung und Talentscouting ist der Biermarke Heineken eingefallen: Es ging »nur« um eine Praktikantenstelle – dafür allerdings hatte Heineken 1.734 Bewerbungen bekommen. In den Vorstellungsgesprächen provozierte das Unternehmen die jungen Kandidaten mit mehreren Aktionen bis in die Knochen: So ließ der Personaler die Hand des Kandidaten nach dem Shake-hands nicht mehr los und fragte: »Wie fühlen Sie sich jetzt?« Er simulierte einen Schwächeanfall und fragte noch am Boden liegend nach Gehaltsvorstellungen. Dann schrillte der Feueralarm und eine Assistentin scheuchte Personaler und Kandidat aus dem Gebäude. Im Hof war die Feuerwehr dabei, ein Sprungtuch zu spannen. Nur – oh Wunder – es fehlte genau ein Mann. Würde der Bewerber als Hilfsfeuerwehrmann einspringen? Der Clou: Heineken filmte alle Gespräche, ließ die besten Episoden zu einem Trailer schneiden und stellte den Gewinnerpraktikanten beim Champions-League-Spiel Juventus gegen Chelsea offiziell vor. Großes Kino. Im Stadion. Mit Gänsehaut und Tamtam. Eigentlich übertrieben für einen einfachen Praktikantenjob, finden Sie? Ja, stimmt. Aber darum ging es ja nicht nur. Das Ganze war ein *Employer-Branding-Coup* mit Reality-TV-Ästhetik. Ein ziemlich guter, finden wir.[29]

Zappos: Mit Glück und ohne Geld. Der U.S.-amerikanische Onlineversender Zappos hat ebenfalls mit ungewöhnlichen Recruiting-Methoden von sich reden gemacht: Erstens fragt er statt nach Stärken oder Schwächen lieber: »Wie glücklich sind Sie auf einer Skala von eins bis zehn?« Hintergrund dieser Frage ist eine Studie, der zufolge glückliche Menschen leichter Lösungen für Probleme finden als solche, die sich selbst als Unglücksraben empfinden. Zweitens bietet Zappos allen frisch angeheuerten Mitarbeitern an, das Unternehmen nach einer Woche wieder verlassen zu können und dabei 2.000 Dollar mitzunehmen. Die Folge: Alle, die dieses Angebot ablehnen, kommen am Montag der folgenden Woche mit dem festen Entschluss zur Arbeit, bei Zappos wirklich langfristig arbeiten zu wollen.

Auf der Suche nach Charakter

Warum lassen diese Unternehmen ihre Kandidaten um die Welt fahren, Feuerwehr spielen und hohe Geldbeträge ablehnen? Weil sie auf diese Weise herausfinden, wie die Bewerber wirklich ticken. Kompetenzen lassen sich ja trainieren, und das gilt auch für die Kompetenz, ein Vorstellungsgespräch mit Bravour abzuspulen. Weltoffenheit und Neugier (Globetrotter), Flexibilität und Hilfsbereitschaft (Heineken) oder Glücksempfinden und Commitment (Zappos) lassen sich aber nicht trainieren. Insbesondere Zappos zeigt: Mitarbeiter lassen sich zur Loyalität nicht verdonnern. Sie brauchen größtmögliche Freiheit, um sich freiwillig dazu zu entscheiden.

Deshalb sagt der Ex-Industriemanager und Autor Peter Schutz, der in den 1980er-Jahren den Wachstumskurs bei Porsche gesteuert hatte: »Hire character. Train skill.«

Als Manager in der Hotelbranche habe ich mir diese Einsicht zu meinem persönlichen Gesetz gemacht.[30] So fragte ich zum Beispiel einen Kandidaten, der Koch werden wollte: »Wie oft wäscht sich Ihrer Einschätzung nach ein Koch täglich die Hände?« Typische Antwort: »Ja, Herr Rath, wahrscheinlich zwei Mal: Morgens beim Duschen und abends noch einmal.« Falsch!

Ein Koch wäscht sich permanent die Hände, damit nicht das Obst nach Fisch und der Fisch nach Schokolade und die Schokolade nach Schnitzel schmeckt. Das Reinigungspersonal fragte ich: »Wie verlassen Sie eigentlich ein Zimmer, wenn Sie es fertig gereinigt haben?« Typische Antwort: »Ich gehe schnell raus und schließe ab.« Falsch! Ein wirklich gutes Zimmermädchen verlässt einen Raum langsam rückwärts, um einen letzten Blick auf alle Details zu werfen und sich noch einmal zu fragen: »Habe ich etwas vergessen?«

Wir haben für das Finden und Entwickeln von Talenten folgenden Dreiklang komponiert:

Hire character. Train skills. Educate talent.

Die Haltung hervorkitzeln

Versuchen Sie also bei Ihrer Talentauswahl weder allein auf Noten, noch allein auf den »Stallgeruch« und auch nicht allein auf die Performance Ihres Kandidaten im Gespräch zu achten. Sondern tun Sie alles, um mehr über seine Haltung zu erfahren. Provozieren Sie ruhig mit polarisierenden Parolen. Sprechen Sie über moralische Zwickmühlen.

PRAXISTIPP

Lassen Sie sich erzählen, wie Ihr Kandidat an Herausforderungen herangeht, um mehr über folgende Punkte zu erfahren:

Hingabe an eine Aufgabe

Fleiß und **Wille** zur Perfektion

Empathie für die Bedürfnisse und Wünsche der Kunden

Antizipation möglicher Situationen im Kundenkontakt

Proaktivität, also die Fähigkeit und Bereitschaft, selbst aktiv zu werden

Konfliktfähigkeit, um schwierige Situationen elegant zu lösen

Ideenreichtum, um auch ungewöhnliche Wünsche zu erfüllen

Herzlichkeit und **Menschenfreundlichkeit**, um der perfekten Professionalität Wärme zu verleihen.

Probieren Sie es ruhig einmal aus: Lassen Sie die Standardfragen nach Stärken und Schwächen weg. Niemand wird sie vermissen. Versuchen Sie einfach nur, Ihr Gegenüber kennenzulernen. Denn:

Normal sind nur die Menschen, die wir nicht richtig kennen.

Worauf es ankommt

1. **Fachkräftemangel** herrscht vor allem in den Branchen, die ihren Suchfokus sehr eng gestellt haben.

2. Mehr Mut zu **Diversity** hilft beim Finden von Fachkräften.

3. Das **Bauchgefühl** Ihres Personalers ist zwar gut und schön, führt aber oft zur Einstellung der immer gleichen Mitarbeitertypen.

4. *Richtig* anders suchen: Fordern Sie Ihre Bewerber heraus, um ihre **Haltung** zu erkennen. Gute Zeugnisse allein führen nicht zu Service-Excellence.

5. Lassen Sie das Laientheater im **Vorstellungsgespräch**. Lernen Sie sich einfach anders *richtig* kennen.

6. Die **Karriereleiter** muss nicht immer nach oben führen. Nicht jeder eignet sich zum Chef.

7. **Talent** ist zwar schön. Nutzt aber wenig, wenn die Leidenschaft fehlt.

8. **Charakter** macht den Unterschied.

9. **Bildung** macht aus Mitarbeitern mit der richtigen Haltung exzellente Professionals.

10. **Service-Excellence** ist das Ergebnis einer exzellenten Auswahl und Ausbildung von Charakterköpfen.

Bildung:
Persönlichkeiten entwickeln statt
Fakten pauken

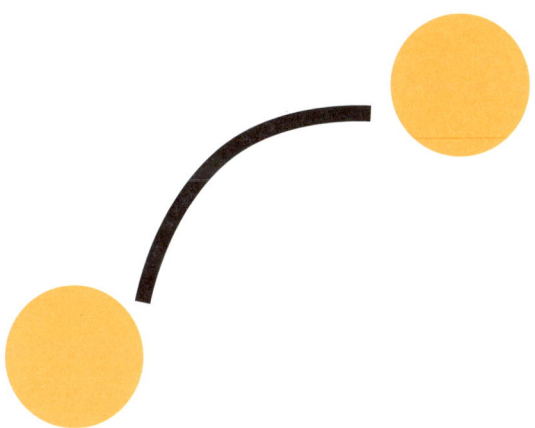

Warum gelingt es einzelnen Unternehmen so viel besser, ihre Kunden zu begeistern als anderen? Weshalb haben manche Unternehmen dieses ganz besondere Etwas? Wir sind überzeugt: Es liegt an den Mitarbeitern. Exzellente Mitarbeiter machen jede Begegnung mit ihren Kunden zu einer besonderen Begegnung. Exzellente Mitarbeiter lieben Extrameilen, Sonderlösungen und die ungewöhnlichsten Ideen, um die Erwartungen des Kunden – ja! – zu übertreffen. Und wenn wir von Kunden sprechen, meinen wir selbstverständlich Gäste genauso wie Patienten, Mandanten, Klienten oder Partner.

Nun fallen exzellente Mitarbeiter nicht vom Himmel. Hinter einem solchen Spirit der Begeisterung steckt allerdings auch kein Zufall, sondern Liebe zum Detail, Beharrlichkeit und System.

Wobei wir mit System ein Bildungssystem meinen. Bildung bringt Ihre Mitarbeiter weiter – fachlich, persönlich, menschlich. Und Bildung bringt Ihr Unternehmen weiter. Wenn *relevante* Inhalte auf *intelligente* Weise adressiert werden. Und zwar *regelmäßig*. Diese Konsequenz in Verbindung mit Freude am Besserwerden verändert die innere Einstellung und die Haltung.

In diesem Kapitel verraten wir Ihnen deshalb, warum sich Bildung langfristig auszahlt – und intelligent eingesetzte Bildungssysteme zu Kundenbegeisterung führen.

Warum sich Bildung rechnet

Sicher kommt Ihnen dieser Gedankengang bekannt vor: »Was mache ich, wenn ich einen Mitarbeiter weiterbilde, und er kündigt dann? Ärgerlich!« Sie kennen auch den nächsten Gedanken: »Was passiert, wenn ich einen Mitarbeiter *nicht* weiterbilde – und der bleibt? Eine Katastrophe!«

Das haben die meisten Unternehmen verstanden. Laut einer Studie des Instituts der deutschen Wirtschaft Köln (IW) aus dem Jahr 2014 sorgen neun von zehn Unternehmen für Weiterbildung im eigenen Haus – das ist ein neuer Höchstwert. Der Umfang der Qualifizierung ist um mehr als drei Stunden jährlich gestiegen (von 29,4 auf 32,7 Stunden), die Investition in Bildung wegen der parallel gestiegenen Beschäftigtenzahl sogar um 16 Prozent auf nun insgesamt 33,5 Milliarden Euro (!) pro Jahr. Tendenz: weiter steigend.

Den größten Zuwachs gab es übrigens bei informellen Lernformen, vor allem bei »Lernen im Prozess der Arbeit« (+ 9,8 Prozent) und bei »selbstgesteuertem Lernen mit Medien« (+ 9,5 Prozent). Laut IW steht beim selbstgesteuerten Lernen die Lektüre von Fachzeitschriften und Fachbüchern an erster Stelle, gefolgt von

»interaktiven, webbasierten Lernformen und der Nutzung PC-ge-
stützter Selbstlernprogrammen«. Exakt das bieten wir mit *welearning* an. Wobei selbstgesteuert bei uns nicht heißt: allein vor dem
Rechner. Sondern: zusammen im Team.

Mit Bildungsprogrammen Talente rekrutieren

Was bringt das? Ganz klar: Bildung als interne Weiterqualifikation
hilft, sich Fachkräfte selbst heranzuziehen, wenn es auf dem freien
Markt keine geeigneten gibt.

Und noch etwas: Dass schon das Rekrutieren neuer Mitarbeiter eng
mit dem Thema Bildung verknüpft ist, zeigt eine Studie der Deutschen Universität für Weiterbildung (DUW) und Forsa aus dem
Jahr 2012. Sie brachte ans Licht, dass für 60 Prozent (!) der 25- bis
35-Jährigen Weiterbildungsangebote bei der Entscheidung für ihren
Arbeitgeber ausschlaggebend sind.

Ist der oder die Neue an Bord, ist es klug, das Bildungsthema praktisch sofort zu starten. Warum? Neue Mitarbeiter entscheiden in den
ersten Tagen und Wochen, ob sie wieder wechseln oder bleiben wollen. Im angelsächsischen Sprachraum wird von dieser Zeit ganz tref-
fend als Onboarding-Phase gesprochen: Der »Neue« kommt an
Bord, wird willkommen geheißen, lernt Kollegen und Kunden kennen, wird gut eingearbeitet. Oder auch nicht.

Bildung motiviert

Hewitt Associates haben herausgefunden, dass die Unternehmen,
die die meiste Zeit und Energie in den Onboarding-Prozess jedes
einzelnen Mitarbeiters gesteckt hatten, sich über das vergleichbar
höchste Engagement ihrer Mitarbeiter freuen konnten.

Bildung im Onboarding-Prozess umfasst die ganz grundlegenden Informationen, die allen alten Hasen so selbstverständlich vorkommen, dass sie gar nicht darüber nachdenken – die für Newcomer aber überlebenswichtig sind:

➤ Wie melden wir uns am Telefon?

➤ Wie formulieren wir E-Mails?

➤ Wie kleiden wir uns im Büro und wie im Kundenkontakt?

➤ Gibt es einen *casual friday* – und wenn ja: Was heißt das genau?

➤ Wann ist Mittagspause, wie lange dauert sie, wo gibt es Mittagessen und wem kann ich mich anschließen?

➤ Wie heißen die Kollegen?

➤ Wer macht welchen Job, wer spielt welche Rolle, wer hat welche Verantwortung?

➤ Wie heißen die Führungskräfte im Unternehmen?

➤ Wie heißen die wichtigsten Kontaktpersonen in anderen Abteilungen?

➤ Wie heißen die wichtigsten Kunden?

➤ Und ganz grundsätzlich: Woher kommt das Unternehmen?

➤ Welche Philosophie lebt es?

➤ Welche Ziele verfolgt es?

Bildung macht souverän

Ein einfaches Bildungs-Tool, das schon viele neue Mitarbeiter vor peinlichen Situationen gerettet hat, ist ein kleines »Handbuch« mit den Namen *und den Fotos* aller relevanten Führungskräfte und Kollegen. Gibt es so etwas nicht, kann es Ihrem neuen Mitarbeiter zum Beispiel passieren, dass er den zufällig vorbeieilenden Vorstandschef fragt, wo eigentlich die Biotonne steht.

Um einem Neuling mehr Sicherheit zu geben, empfiehlt sich auch, ihm einen Paten oder Mentor an die Seite zu stellen – also jemanden, der Fragen zu den ungeschriebenen Gesetzen der Unternehmenskultur beantworten kann.

Bildung bietet Fach- und Führungskräften also Sicherheit. Bildung verhindert Peinlichkeiten. Bildung macht stolz. Und Bildung bringt Mitarbeiter nicht nur in Sachen Fachwissen weiter, sondern kann auch zur Weiterentwicklung der Persönlichkeit beitragen.

Denn Bildung macht selbstbewusst: Von Teilnehmern unserer Seminare wissen wir, dass dort, wo Mitarbeiter an der Basis mit Kommunikationstrainings geschult wurden, nachfolgend starke, positive Impulse »von unten« ausgingen: Nicht nur lief die Selbstorganisation besser, sondern es wurden auch mehr relevante Verbesserungsideen formuliert, »nach oben« getragen und dort nachdrücklich eingefordert.

Nachdem ich bereits sechs Jahre lang immer wieder Kommunikationstrainings in einem Maschinenbauunternehmen in Bayern gegeben hatte, geschah etwas Bemerkenswertes. Während eines Impulsvortrags unterbrach mich ein Mitarbeiter, der bestimmt schon 40 Jahre lang im Unternehmen beschäftigt war, mit einer Frage: »Frau Hübner«, sagte er, »Sie haben gerade ein

Wort gesagt, das ich nicht kenne. Was, bitteschön, heißt denn >involvieren<!?« In dem Moment wusste ich, dass wir in den Köpfen der Menschen wirklich etwas verändert hatten. Denn sechs Jahre zuvor hätte der Mitarbeiter den Vortrag einfach an sich vorbeiziehen lassen. Jetzt aber zeigte er sich, er stand auf, er fragte nach – und das vor versammelter Mannschaft.

Das macht Bildung aus: Bildung stärkt Menschen den Rücken. Sie macht sie souverän. Sie formt sie zu charmanten, echten Persönlichkeiten.

Bildung macht messbar loyal

Übrigens: Je besser Ihr Schulungsangebot, desto geringer ist die Wechselbereitschaft der Beschäftigten. Den Zusammenhang zwischen Bildung und Loyalität hat die Leipzig Graduate School of Management in einer Studie unter 1.260 Beschäftigten nachgewiesen. Während die Befragten aus Unternehmen mit wenig Weiterbildung zu 24 Prozent ernsthafte Wechselabsichten hegten, wollten nur sieben Prozent der Teilnehmer aus Firmen mit großem Weiterbildungsengagement ihren Job wechseln. Zwischen der Schulungsintensität und der Mitarbeiterzufriedenheit zeigte sich ebenfalls ein Zusammenhang: Knapp 80 Prozent der Beschäftigten in Unternehmen mit großem Weiterbildungsangebot sind in ihrem Arbeitsumfeld »voll und ganz zufrieden« oder »weitestgehend zufrieden«, von den Beschäftigten aus weiterbildungsfernen Firmen kreuzte bei dieser Frage nur jeder Dritte eines dieser beiden Felder an.[31]

Wieder andere Studien zeigen einen klaren Zusammenhang zwischen Mitarbeiterzufriedenheit und Kundenzufriedenheit. Über indirekte Effekte kommt es also zu folgendem Zusammenhang: Bildung für Ihre Mitarbeiter heißt Zufriedenheit für Ihre Kunden!

**Was dem Einzelnen nutzt,
macht das Ganze besser.**

Intelligentes Training für beste Leistung

Wenn Sie nun einen beliebigen Katalog mit Weiterbildungsange-
boten durchblättern, werden Sie von der Vielzahl der Angebote er-
schlagen. So viele Anbieter, so viele Themen, so viele Konzepte. Wie
finden Sie heraus, was das Richtige für Sie ist? Hier ein Überblick:

Maßgeschneiderte Themen

Viele Anbieter haben *Bildungsbausteine* (»Baukastensysteme«) vor-
bereitet, aus denen Sie wählen können. Das kann gut passen für Mitarbeiter, die sich noch nie mit dem »Vier-Ohren-Modell« oder mit
anderen Grundlagen befasst haben. Für Topführungskräfte passt ein
solches System zumeist nicht.

Bei *offenen Konzepten* entwickeln Sie zusammen mit dem Anbieter
ein Programm, das exakt auf Ihren Bildungsbedarf zugeschnitten
ist. Hier können auch Seminarmodule mit individuellem Coaching
kombiniert werden. Gerade für Führungskräfte kann sich ein solches Bildungsangebot sehr lohnen – aber Achtung: Viele Anbieter
sprechen von »maßgeschneidert«, bieten Ihnen letztendlich aber
doch nur wieder Baukastensysteme, die keinen Platz für individuel-
les Lernen am konkreten Fall lassen.

Selbstlernen liegt im Trend

Parallel zur zunehmenden Selbstorganisation der Mitarbeiter wächst der Bedarf an Bildungsmodellen, mit denen sich Manager und Mitarbeiter selbstständig auseinandersetzen. Stichwort: E-Learning.

Hier ist in jüngster Zeit ein neuer Markt entstanden. Die Idee: Jeder Mitarbeiter kann sich das, was er lernen möchte, genau dann per Videofilm anschauen, wenn er dazu Zeit hat. Abspielgeräte wie Tablets oder Smartphones sind ja heute so klein, dass sie jeder permanent zur Hand hat. Wartezeiten in Abflughallen oder Reisezeiten können so sinnvoll genutzt werden. Mobiles Lernen liegt im Trend! Unserer Einschätzung nach eignen sich solche Angebote im Produktbereich sehr gut.

Wenn es um das Training von Soft Skills geht, glauben wir aber nicht an E-Learning. Man wird eben nicht empathischer, wenn man sich allein vor dem Bildschirm durch Checklisten klickt. Wie in aller Welt sollte dieser Effekt auch eintreten?

An diesem Punkt haben wir mit unserem Angebot *welearning* angesetzt. Auf die Idee zu diesem Produkt kamen wir, als wir eine Antwort auf folgende Kernfrage suchten: Wie kann Kundenbegeisterung in einem Unternehmen erreicht, spürbar und erlebbar gemacht werden, und zwar dauerhaft? Unsere Antwort: Durch regelmäßige Impulse und sinnvolle Maßnahmen auf jeder Ebene Ihres Unternehmens. Konkret sind das Videos, Übungen, Workbooks und Wissensbausteine rund um unsere Themen, die jeweils auf die Zielgruppen Führungskräfte, Teamleiter und Mitarbeiter zugeschnitten sind. Die Trainingsmodule sind durchgängig so aufbereitet, dass ausgewählte Mitarbeiter als interne Trainer eingesetzt werden können (www.welearning.com).

So kann jedes Team im eigenen Rhythmus lernen, und das unabhängig von externen Trainern. Im Unterschied zu Standard-E-Learning steht nicht das Medium im Mittelpunkt, sondern das Team: In den regelmäßigen welearning-Runden werden erlebte Geschichten erzählt und gemeinsam diskutiert. Es geht um Dialog und Austausch, auch um das gemeinsame Üben. Wie reagiere ich auf einen verärgerten Kunden? Was mache ich, wenn die Technik streikt? Wie komme ich den Bedürfnissen auf die Spur, die der Kunde nicht oder nur indirekt äußert? Wann sagt der Kunde »Wow!« – und wie kann ich solche besonderen Momente gestalten?

Ziel des Lernprogramms ist Excellence im Unternehmen, Beziehungsqualität auf höchstem Niveau. Ein Nebeneffekt ist Teambuilding: Junge Mitarbeiter wachsen mit ihren Aufgaben als Moderator. Ältere Mitarbeiter geben ihre Erfahrungen weiter und finden so einen besonderen Sinn. Neue Mitarbeiter lernen den Spirit Ihres Hauses kennen. Und solche, die sonst eher nebeneinander statt miteinander arbeiten, tauschen sich endlich aus.

> **In der Wiederholung liegt die Vertiefung.**

Dazu kommt noch ein Punkt. Weil die Angebote aus der HR-Abteilung der Unternehmen heute automatisch mit Google, YouTube und Co. konkurrieren, liegt auch die Messlatte höher. Das heißt: Können interne Bildungsunterlagen in Sachen Form und Stil, Ansprache und Inhalt nicht mit modernsten Learning-Angeboten im Netz mithalten, wirken sie schnell altbacken. Das will dann keiner und die Investition ist für die Katz. Setzen Sie also lieber gleich auf aktuelle Angebote, die auch permanent aktuell gehalten werden. Welearning gehört dazu.

Preisfrage: intern oder extern?

Sie kennen das Prinzip: Ausgewählte Fach- und Führungskräfte fahren gemeinsam in ein Tagungshotel, um dort eine Schulung zu absolvieren. Vorteil: keine Unterbrechungen durch den Arbeitsalltag »zu Hause«. Nachteil: relativ hohe Kosten. Die ausgelassene (um nicht zu sagen: feuchtfröhliche) Klassenfahrtstimmung ist vielleicht gut fürs Betriebsklima, aber für den Lernerfolg weniger hilfreich. Externe Lösungen sind nicht immer die besseren Lösungen.

Intern sieht es so aus: Entweder kommen Trainer zu Ihnen ins Haus, oder Sie haben eigene Trainer im Unternehmen. Oder – und diese Variante ist unserer Erfahrung nach sehr erfolgsversprechend – Ihre Mitarbeiter übernehmen die Weiterbildung selbst. Der Grund: Der direkte Vorgesetzte genießt die größte Glaubwürdigkeit und ist der wichtigste Hebel in Sachen Kundenbegeisterung. Das alles spricht für interne Trainings.

Unserer Erfahrung nach garantieren selbst organisierte, interne und regelmäßige Trainings mit vorbereiteten Film- und Printmaterialien, so wie *welearning* sie bietet, ein exzellentes Verhältnis von Kosten, Nutzen und spürbarer Motivation. Unsere Kunden bestätigen das gern:

Rüdiger Lauer, Deutsche Lufthansa AG: »Das System unterstützt die Idee, Service und Verhalten nachhaltig durch Wiederholung zu verankern. Die kurzen Spots und Lerneinheiten können ein guter Starter für einen Austausch sein. Die Reflexion der Mitarbeiter wird angeregt und die relevanten Themen werden präsent gehalten.«

Prof. Dr. Christof Burger, Universitätsklinikum Bonn: »Exzellenter und herzlicher Service machen unsere hohe medizinische Qualität für unsere Patienten und Angehörige noch wertvoller. Seit *welearning* kommunizieren wir besser miteinander, wir achten viel mehr auf unser Verhalten gegenüber den Patienten, und der Teamgeist auf den Stationen ist gestiegen.«

Dr. Hahnen, Medienwerkstatt: »Ein neues Konzept sehr gut umgesetzt. Die Inhalte werden in den wöchentlichen Meetings von uns allen gerne verarbeitet und in regen Diskussionen nachhaltig assimiliert. Nach kurzer Zeit verkauft man anders; klarer, motivierter und besser. Für uns ist *welearning* die richtige Entscheidung!«

Inhalte für jede Ebene

Nicht alles ist für jeden was – dieses Motto gilt ganz besonders, wenn es um Weiterbildung im Unternehmen geht. Passen Inhalt, Stil und Form der Präsentation zur Vorbildung und zum Status der Teilnehmer, erzeugen Sie Motivation und Begeisterung. Setzen Sie aber Topmanagern Basiswissen im Comicstil vor und einfachen Mitarbeitern komplexe Führungstheorien, brauchen Sie sich nicht zu wundern, wenn die Stühle nach der Kaffeepause seltsam leer bleiben. Aus diesem Grund haben wir die *welearning*-Inhalte auf die verschiedenen Ebenen abgestimmt:

➤ *Führungskräfte* haben die Aufgabe, einen Spirit zu erzeugen, der Kundenbegeisterung möglich macht. Weil »Führungsarbeit« fast ausschließlich aus Kommunikation besteht und sehr viel mit »Selbstführung« zu tun hat, ist es sinnvoll, Bildung genau hier anzusetzen. Lassen Sie Ihre Manager nicht irgendwelche »Führungsmodelle« oder Floskeln für Personalgespräche auswendig lernen. Suchen Sie lieber nach Angeboten, die Ihre Führungskräfte dabei unterstützen, intelligent, individuell und eigenständig auf das zu reagieren, was im Alltag wirklich passiert. In den meisten Fällen wird das eine Kombination aus Coaching und weiteren Angeboten sein.

➤ *First-Line-Manager* sind die direkte Führungskraft und dazu da, für Strukturen und Ressourcen zu sorgen, in denen Mitarbeiter so aufblühen können, dass die Qualität der Produkte und Dienstleistungen die Kunden überrascht – und begeistert. Unserer Erfahrung nach entscheidet sich vor allem auf dieser Ebene, ob Excellence gelingt – oder scheitert. Oft bietet es sich an, Manager auf dieser Ebene als interne Weiterbildner und Multiplikatoren in Sachen Service einzusetzen und diese entsprechend zu schulen und zu coachen. *Welearning* geht exakt so vor.

➤ Mitarbeiter den Wunsch des Unternehmens, Kundenbegeisterung zu erreichen, jeden Tag zur gelebten Wirklichkeit werden – wenn alles gut läuft. Dazu brauchen die Mitarbeiter an der Basis aber weit mehr als nur »Tools« wie professionelle Small-Talk-Versatzstücke für alle Gelegenheiten (»Hatten Sie eine angenehmen Anreise …?«). Auch auf dieser Ebene ist die Fähigkeit zu eigenständigem Entscheiden und unabhängigem Bewerten von Situationen entscheidend. Deshalb trainieren Sie bitte nicht nur das Balancieren von Tabletts, sondern fördern Sie auch eine allgemeine Fähigkeit zu differenziertem Denken und zur präzisen Kommunikation.

Wer in Floskeln denkt, der handelt auch schematisch.

Direkt auf den Punkt

In den vergangenen Dekaden ist ein sehr bunter Trainingsmarkt entstanden, insbesondere für Führungskräfte. Wahlweise können diese mit Pferden, Hunden, Elefanten oder Eseln an ihren Führungskompetenzen feilen. Sie können ein Orchester dirigieren, mit Extremsportlern auf Berge steigen oder sich in Hochseilgärten von Ast zu Ast schwingen. Alle Anbieter versprechen, dass sich diese Erfahrungen der ganz anderen Art unmittelbar auf die Führungskompetenzen übertragen lassen. Wir sagen: Das mögen zwar schöne Erfahrungen sein, doch ein Mitarbeiter ist kein Pferd und kein Hund. Ein Vertragsabschluss ist keine Hangelübung. Und wenn wir schon arbeiten, warum auf Nebenschauplätzen?

Wenn Sie Kundenbegeisterung nachhaltig erreichen und weiter steigern möchten, sind Sie gut beraten, sich auch mit Kundenbegeisterung zu befassen. Also mit den konkreten Herausforderungen in Ihrer konkreten Praxis. Mit den unterschiedlichen Persönlichkeitsprofilen Ihrer Führungskräfte, Mitarbeiter und Kunden. Mit den Unwägbarkeiten und Abgründen Ihres Alltags. Weil das für den Bildungsanbieter und für die Teilnehmer viel anstrengender ist als komplett vorstrukturierte Kurse mit Modellvermittlungs- und Wohlfühlgarantie zu durchlaufen, müssen Sie intelligentere Konzepte etwas länger suchen und etwas mehr Energie investieren – doch letztendlich lohnt sich das. Personalentwicklung ist eben kein Wellnessurlaub.

PRAXISTIPP

Mit *welearning* kommen Sie direkt auf den Punkt. Denn nach dem kurzen Input (Video) steht immer der Transfer in die Praxis. Wie leben wir in unserem Unternehmen Führung? Mit welcher Haltung begegnen wir unseren Kunden? Wir sind überzeugt: Das sind die Fragen, die Ihre Teams wirklich weiterbringen. Oder haben Sie schon einmal eine Führungskraft erlebt, die nach einem halben Tag Schwingen im Hochseilgarten Führungsexzellenz entwickelt hätte? Wir auch nicht. Wie sollte das auch möglich sein?

Wie viel Bildung ist genug?

Bildung bleibt auch nach dem *Onboarding*-Prozess erfolgsentscheidend. Weil Märkte sich verändern, weil sich Kundenbedürfnisse weiter entwickeln, weil neue Jobs immer neue Herausforderungen sind, weil auch Kommunikations- und Informationstechnik immer wieder andere Fähigkeiten verlangt.

Je intensiver Sie relevante (!) Personalentwicklung betreiben, desto mehr Innovationen können Sie erwarten. IBM-Gründer Thomas J. Watson hat es einmal so zusammengefasst: »There is no saturation point in education.« Frei übersetzt heißt das: Bildungshunger lässt sich nicht stillen. Es gibt keinen »Sättigungspunkt«. Und niemand hat jemals »ausgelernt«. Das gilt insbesondere für das Thema Kundenbegeisterung. Nur wenn Beispiele, Wissen und Lösungsvarianten permanent kommuniziert werden, kann sich die Haltung der Mitarbeiter und ihre Fähigkeit, exzellente Beziehungen aufzubauen, nachhaltig verbessern. Steter Tropfen macht Schluss mit der Servicewüste. Aus diesem Grund hat es sich als sehr fruchtbar erwiesen, Bildung in die täglichen Rituale einzubauen.

So hat ein mittelständisches Unternehmen für Landmaschinen auf jeder Seite der internen »Werkstattbücher« einen kleinen Excellence-Appetitanreger aufgedruckt. Ein anderes Unternehmen hat Kundenbegeisterung zum festen Thema der regelmäßigen Azubi-Tage gemacht. Womit niemand gerechnet hatte: Von dort aus wirkt Bildung auf den gesamten Betrieb zurück! Denn wenn die Azubis hoch motiviert und voll mit frischem Wissen zurück ins Unternehmen kommen, will sich kein Vorgesetzter die Blöße geben, von Kundenbegeisterung noch nie etwas gehört zu haben.

Das funktioniert natürlich nur, wenn die Rahmenbedingungen stimmen. Eine noch so herzliche Beziehungsqualität läuft absolut ins Leere, wenn sich die Mitarbeiter mit maroden Räumen, schlechten Produkten und Technik von vorgestern plagen müssen. Manchmal sind wir sogar dabei, wenn der Groschen fällt.

Ein Geschäftsführer investierte viel Energie in die Ausbildung seiner Callcenter-Mitarbeiter und war nie zufrieden mit dem Ergebnis. Bis er eines Tages vom Stuhl aufsprang und rief: »Wir müssen aufhören, unsere Mitarbeiter im Verkaufen schlechter Qualität zu schulen. Wir müssen die Qualität verbessern!«

Richtig gedacht! Bildung kann ein Unternehmen nur dann exzellent machen, wenn alle anderen Faktoren ebenfalls auf dieses Niveau gebracht werden. Sonst ist sie nicht mehr als frische Farbe auf bröckligem Untergrund.

Worauf es ankommt

1. **Persönliche Entwicklung** ist eine direkte Folge von intelligenter, regelmäßiger Weiterbildung mit relevanten Inhalten.

2. **Bildung** motiviert unmittelbar. Sie hält Mitarbeiter wach und neugierig und gibt ihnen die Chance, immer besser zu werden.

3. **Bildung macht mutig.** Im globalen Wettbewerb brauchen Sie souveräne Mitarbeiter.

4. **Bildung macht loyal.** Wer die Chance hat, sich intern weiterzuentwickeln, der bleibt Ihnen treu.

5. **Externe** Programme sind oft teuer und aufwendig.

6. **Interne** Programme lassen sich leichter in den Alltag integrieren.

7. **Selbstgesteuert** werden interne Programme zur Chance für Mitarbeiter, sich zusätzlich als Moderator zu profilieren.

8. Interne, selbstgesteuerte Programme lassen sich ideal auf Ihren **Unternehmenstyp** abstimmen.

9. Außerdem können sie an die **Positionen** und das **Vorwissen** der Teilnehmer ankoppeln. Nichts führt zur mehr Unmut, als eine völlig unter- oder überfordernde Bildungseinheit.

10. **Bildung direkt in der Praxis** und am Beispiel der eigenen Praxis führt zu exzellenter Praxis.

Kommunikation:
Miteinander reden statt schriftlich anweisen

Zeitautonomie steht hoch im Kurs. Das heißt: Ich selbst bestimme, wann ich Informationen lese, schreibe, etwas organisiere – oder mein kleines, elektronisches Kommunikationsgerät einen Moment (nur einen Moment …) lang für etwas nutze, was dem Reinerlös meines Unternehmens jetzt einmal nicht direkt zuträglich ist. Vor allem heißt es: Ich bestimme, ob ich ein Telefongespräch annehme, oder ob ich das dem Anrufbeantworter überlasse.

Seit der Einführung der Mobiltelefone mit ihrem Überraschungssieger-Feature – der SMS-Funktion – wird immer weniger telefoniert. Der direkte Austausch via SMS, Messenger, WhatsApp und E-Mail (ein heute schon fast altmodischer Kanal) hat das direkte Gespräch weitgehend ersetzt. Gut für die Zeitautonomie der Gesprächspartner – doch oft schlecht für das gegenseitige Verständnis.

Es kommt zu überflüssigen Irritationen, etliche Themen werden nicht besprochen, nicht zu Ende gedacht oder zu Ende gebracht, und eine wichtige Quelle der Kreativität und Empathie versiegt. Weil eine exzellente Performance für den Kunden immer auch einen exzellenten Umgang miteinander bedeutet, sollten wir immer wieder direkt miteinander reden. Nur so kommen wir weiter.

**Was innen nicht glänzt,
kann außen nicht funkeln.**

Gut. Aber wie geht das? Richtig miteinander reden? In diesem Kapitel schauen wir uns an, wie wir trotz Stress und ständiger Zerstreutheit exzellente Dialoge gestalten können. Und wir zeigen Ihnen, warum eine offene, persönliche, aufmerksame, klare und regelmäßige Kommunikation Ihre Kunden gerade heute mehr begeistert denn je.

Von der Kunst, das Richtige richtig zu sagen

Ein Gesprächsleitfaden kann gute Dienste leisten. Orthodox abgelesen, kann er aber auch eine Servicekatastrophe lostreten. Nicht aus Bösartigkeit, sondern aus purer Gedankenlosigkeit.

Weg. Das Flugzeug war einfach weg. Ohne mich geflogen. Grund war die Vollsperrung der Autobahn. So stand ich nun spät am Abend in Basel und fragte mich, wie ich wohl meinen Termin am frühen Morgen in Leipzig erreichen könnte. Ratlos wählte ich die Hotline: »Ja, Frau Hübner, da kann ich Ihnen leider gar nicht helfen«, flötete die junge Callcenter-Dame am anderen Ende der Leitung. »Und jetzt wünsche ich Ihnen einen wunderschönen Abend!« »Einen wunderschönen Abend!? Was glauben Sie denn, wie ich diesen wunderschönen Abend verbringen werde!? Wahrscheinlich in einem wunderschönen Mietauto auf der wunderschönen Autobahn – oder was meinen Sie!?«

Mühsam wahrte ich meine österreichische Fassung. Und war einmal mehr überzeugt: Es ist gar nicht so einfach, im richtigen Moment das Richtige zu sagen. Und das auch noch richtig. Warum aber fällt das so vielen Menschen so schwer? Es gibt viele Gründe. Wir vermuten, dass vor allem Stress dahintersteckt, Zerstreutheit und ein Versteckspiel hinter Social-Media-Kanälen. Doch wir wollen hier nicht den Untergang des Abendlandes ausrufen. (Das überlassen wir anderen …) Es gibt ihn ja noch: den gelungenen, freundlichen, empathischen, fröhlichen Dialog, durch den sich alle Gesprächspartner beschenkt fühlen. Sogar beglückt.

Stress macht gedankenlos

Unter Stress aber fällt es vielen Menschen schwer, in einen echten Dialog einzusteigen. So erlebte es Dagmar, als sie die Wohnung ihres eben verstorbenen Vaters räumte.

Das Telefon klingelte: »Guten Tag, kann ich bitte Herrn Herborn sprechen?« »Mein Vater ist leider vor ein paar Tagen verstorben«, antwortete Dagmar traurig. »Äh, ja. Es geht um eine Zahnzusatzversicherung.« »Ich sagte Ihnen doch gerade: Mein Vater braucht keine Zahnzusatzversicherung mehr, er ist leider verstorben.« Schweigen am anderen Ende der Leitung. Dann kam der Callcenter-Mitarbeiterin die rettende Idee zur effektiven Fortsetzung ihres Verkaufsgesprächs: »Hmmm. Vielleicht brauchen Sie ja selbst eine Zahnzusatzversicherung?« »Vielen superherzlichen Dank für Ihre rührende Anteilnahme!«, kann man da nur ins Telefon schimpfen, sofern einem nicht vor Empörung die Worte fehlen, oder?

Gerade in stressigen Situationen – und die Arbeit in einem Call-center ist Stress pur – neigen Menschen zu Gedankenlosigkeit. Diese kann in verschiedenen Varianten vorkommen.[32]

Schwarz-Weiß-Denken: Wer so denkt, teilt die Welt in Stereotype auf. Hier kompetente Führungskräfte, da Nieten in Nadelstreifen; hier fleißige Mitarbeiter, da faule Mitarbeiter; hier gute Kunden, da schlechte Kunden. Wer so denkt, kann keine komplexen Zusammenhänge sehen, neigt zu falschen Schlüssen und zu unüberlegten Handlungen. Etwa so: »Den schmeiße ich raus, dann bin ich alle Probleme los!« So einfach, das wissen wir alle, ist es zumeist nicht.

Schwarz-Weiß kann auch heißen: eins oder null, richtig oder falsch. So geht Roboter-Denken. Es folgt einer knallharten Logik und vergisst darüber die menschlichen Antennen für Zwischentöne. So geschehen in einer Fluggesellschaft, die aus uns unerfindlichen Gründen immer wieder den Preis für die beste Airline Europas gewinnt.

Im Flugzeug: Beim Einchecken werden wir von einem Upgrade in die Business-Class überrascht. Das hatten wir so nicht geplant, nahmen es aber dankend an. Nachdem wir es uns in den Ledersitzen bereits gemütlich gemacht hatten, werden wir von einer Stewardess angeblafft: »Sie sitzen falsch!« Wir zeigen erschrocken unsere Bordkarten. »Sie sitzen trotzdem falsch!« Das verstehen wir nicht und fragen, warum wir so aggressiv angesprochen werden, obwohl wir objektiv nichts falsch gemacht haben und obwohl die Business-Class offensichtlich nicht ausgebucht ist. Die Stewardess verliert die Nerven, weitere Bordmitarbeiter kommen dazu, schließlich muss sogar der Pilot geholt werden. Dann verstehen wir den Grund der Aufregung: Es wurden zu wenig Business-Class-Menüs eingepackt. Kein Problem für uns: »Wir nehmen gerne ein anderes Essen. Oder gar keins.« Eigentlich doch ganz einfach, oder? Nicht für die Bordmitarbeiter, die in eine weitere Diskussionsrunde einsteigen. Es ist offenbar sehr schwierig bis unmöglich, innerhalb der im Flugzeug vorgeschriebenen Prozesse flexibel zu handeln. Das Ende vom Lied: Wir dürfen sitzen bleiben. Als *happy end* haben wir das verkniffene Wohlwollen des Piloten leider nicht erlebt – der schale Beigeschmack bleibt bis heute.

Wie peinlich! Etwas weniger Roboter-Denken, dafür ein bisschen mehr Einfühlungsvermögen und ein intelligenterer Umgang mit Prozessen und Hierarchien hätte hier nicht nur viele Nerven sparen, sondern auch Kunden begeistern können.

Autopilot-Handeln: So etwas passiert in Callcentern und überall, wo Verhaltensmuster vorgeschrieben werden: Auf Frage X folgt Antwort Y. Sitzen diese Muster zu fest im Kopf, laufen sie automatisch ab. Auch wenn sie offensichtlich unsinnig sind. Einem am Flughafen gestrandeten Reisenden »Einen schönen Abend!« zu wünschen, ist unfassbar gedankenlos.

Engstirnigkeit: Bei dieser dritten Form der Gedankenlosigkeit sieht der Mitarbeiter oder Manager nur einen einzigen Lösungsweg, er kann sich keine Alternativen und auch keine veränderten Rahmenbedingungen vorstellen.

Zapping macht zerstreut

Neben Gedankenlosigkeit grassiert ein weiteres, modernes Volksleiden in den Unternehmen: Zerstreutheit. Schauen Sie sich nur um: Sie sehen kaum noch einen Menschen, der nicht zerstreut auf seinem Smartphone fingert. Selbst der Kellner des Lieblingsrestaurants steht im Stand-by-Modus hinter der Theke und interessiert sich mehr für die *breaking-news* seiner 342 Facebook-Freunde als für seine fünf Kunden im Restaurant. Nachdem Kulturpessimisten im vergangenen Jahrhundert noch fürchteten, das Abendland werde mit der von Fernsehprogramm zu Fernsehprogramm zappenden Jugend untergehen, sehen wir nun: Von unseren elektronischen Kommunikationsgeräten im Kleinstformat geht ein noch stärkerer Sog aus – manche sagen auch: ein Druck, dem man sich nur schwer entziehen kann.

Unser Geist zappt permanent zwischen der realen Situation und der Welt hinter dem Bildschirm, außerdem unternimmt er so oft wie möglich kleine Fluchten ins Reich der Phantasie: *Mind-wandering* nennt man das. Thomas Metzinger, Professor für Theoretische Philosophie ist überzeugt, dass wir während zwei Dritteln unseres bewussten Lebens keine Kontrolle über unser Denken haben.[33]

Wir sind total zerstreut. Nicht nur, weil unser Geist permanent Wandertag spielt, sondern auch, weil die Logik des Zappings in unserem Alltag zur Normalität geworden ist. Hier kommt eine Mail, da ein Anruf, da schneit ein Kollege ins Büro – oft passiert das auch alles gleichzeitig. Wir schalten ständig um, erledigen mehrere Aufgaben parallel: Wir hören nicht richtig zu, weil wir während des Kundengesprächs SMS schreiben. Und wir schreiben unkonzentriert SMS, weil wir uns gleichzeitig unterhalten und Musik hören und Kaffee trinken und online shoppen und in Unterlagen blättern und drei Filme schauen und unsere anderen zwei bis fünf elektronischen Geräte checken, die ja auch permanente Zuwendung fordern.

Excellence braucht Fokus. Gedankenlosigkeit und Zerstreutheit sind Gift für exzellenten Service. Sprachlosigkeit übrigens auch.

Social Media macht sprachlos

Seit dem Siegeszug von Smartphone und Co. sprechen wir tendenziell weniger mit Mitarbeitern, Kollegen und Kunden. Aber umso mehr sprechen wir via Facebook, Twitter oder auf anderen medialen Wegen *über* sie. Statt zu sprechen, schreiben wir immer mehr Mails und Kurznachrichten. Eigentlich ganz praktisch – aber eine Katastrophe für die Qualität der Kommunikation. Wie herzlich kann ein Smiley sein? Wie ehrlich kommt ein kurz getipptes »Sorry!« an? Wie zuverlässig lassen sich Zwischentöne aus Kurznachrichten herauslesen? Sie werden es kaum glauben – aber ein Teilnehmer in einem unserer Seminare erzählte kürzlich: »Wir haben jetzt ein neues Unternehmensleitbild.« »Und«, fragten wir neugierig, »wurde das Leitbild zusammen mit allen Mitarbeitern entwickelt? Und wie hat die Unternehmensleitung das Leitbild kommuniziert?« Der Teilnehmer schaute uns nur verblüfft an. »Das Leitbild hat eine Kollegin aus der PR-Abteilung geschrieben«, sagte er. »Und der Chef hat es per Mail herumgeschickt. Das war's schon.«

Unserer Erfahrung nach leidet vor allem die Feedback-Kultur unter der zunehmenden Sprachlosigkeit in den Unternehmen. Jetzt schon sind ja mehr als die Hälfte der Mitarbeiter unzufrieden mit der Feedback-Kultur, während sich die meisten Führungskräfte für gute Feedback-Geber halten.[34] Wenn Kommunikation immer mehr auf elektronische Kanäle verlagert wird, sieht es düster aus für Kundenbegeisterung: Positive Emotionen kommen im Gespräch mit Kunden oder Mitarbeitern nicht mehr so positiv an wie in einem persönlichen Gespräch. Negative Emotionen werden ungefiltert in die Welt »getwittert« und hinterlassen im Netz unschöne Spuren, die sich nicht mehr bereinigen lassen.

Zum Glück geht's auch anders

Das ist nur die dunkle Seite der Medaille. Es tut sich auf der anderen Seite auch einiges auf den Social-Media-Kanälen, das Kunden durchaus begeistert. So haben Unternehmen wie die Deutsche Telekom oder die Deutsche Bahn Social-Media-Teams mit recht großen Entscheidungsspielräumen. Die Berater dürfen nicht nur, sie sollen schnelle, spontane Antworten liefern – sei es in Form witziger Texte oder sogar als Bewegtbilder. Dass man es hier mit echten Menschen zu tun hat, wird durch Bildergalerien im Netz unterstrichen: Jung und witzig sehen sie aus, die Social-Media-Köpfe der Konzerne.

In manchen Unternehmen tun sich auch einzelne Mitarbeiter mit guten Kommunikationsideen hervor.

Ein junger Mitarbeiter einer Filialbank hatte die Idee, für seine jungen Kunden eigens einen Facebook-Account einzurichten. Dieser junge Mann war sehr erfolgreich, weil er genau den Kommunikationsnerv seiner Kunden traf. Die Community diskutierte auf Facebook natürlich nicht über diskrete Angelegenheiten – vereinbarten auf diesem Wege aber Termine, freuten sich über Anlagetipps und über News aus dem Unternehmen. Das Ergebnis: Der junge Mann erreichte im Vergleich zu seinen Kollegen einen weit überdurchschnittlichen Erfolg!

Echter Dialog schafft echte Verbindungen

Wenn immer mehr Menschen gedankenlos, zerstreut und sprachlos durch die Welt laufen, stehen solche Unternehmen am besten da, die Kunden das bieten, was auch die neueste Generation Smartphone immer noch nicht kann:

> Offenheit,

> Aufmerksamkeit und

> Achtsamkeit.

Kurz: eine hohe Begegnungsqualität!

Mut zur Offenheit

Klar, es ist wunderbar einfach, sich an Vorgaben zu halten. Wer Gesprächsleitfäden für Meetings, Bewerbungsgespräche, Reklamationsgespräche, Verkaufsgespräche oder was auch immer im Detail abarbeitet, kann nichts falsch machen – glauben viele. Leider ist das falsch gedacht.

Denn gerade diese engen Leitfäden machen aus jeder wunderbaren Kommunikation ein stümperhaftes Laientheater, das jedem auf die Nerven fällt und in dem vor allem das Wichtigste nicht passiert: echter Gedankenaustausch, ernst gemeintes Lob, ehrliche Kritik, ein gemeinsames *Herumspinnen*, bei dem ganz zufällig innovative Ideen entstehen. Kurz: herzliche Kommunikation.

Warum verzichten so viele Manager und Mitarbeiter darauf? Weil sich niemand eine Blöße geben will. Mit auswendig gelernten Rollentexten fällt man zwar nicht positiv auf, immerhin aber auch nicht negativ. Wer in Meetings oder in Bewerbungsgesprächen sagt, was er wirklich denkt, kann tatsächlich leicht ins Fettnäpfchen treten. Deswegen traut sich das kaum jemand.

So wird Kommunikation nur simuliert, wirklich kommuniziert wird jedoch nicht. Dabei zeigen Studien, dass gerade diejenigen, die in der Kommunikation ein wenig aus der Rolle fallen und dies authentisch tun, schlussendlich bessere Chancen haben als brave Rollenspieler. Ihre Worte werden eher im Gedächtnis behalten, ihr Profil fällt im Einerlei des genormten Business-Sprechs auf.[35]

Say my Name

Der einfachste und wahrscheinlich wirkungsvollste Booster für gelungene Kommunikation ist das Gegenüber mit Namen anzusprechen. Und zwar dem richtigen Namen. Eine persönliche Ansprache empfinden die meisten Menschen als Zeichen der Wertschätzung. Sie fühlen sich gesehen, wichtig genommen. Je größer der hierarchische Abstand, desto größer der Effekt. Spricht zum Beispiel der Bereichsleiter eines großen Automobilkonzerns einen einfachen Werkstattmitarbeiter bei seinem Gang durch die Abteilung namentlich an, reagiert dieser typischerweise emotional: ungläubig, überrascht, sogar gerührt. Aus der Praxis wissen wir, dass die Motivation anschließend durch die Decke schießt. Übrigens nicht nur in der Automobilindustrie, sondern überall. Auch an der Uni, wie Nina aus dem RichtigRichtig-Team erzählt:

>**Es gibt himmelweite Unterschiede** zwischen den verschiedenen Universitätsdozenten. Einige wenige halten exzellente Vorlesungen und gestalten dabei eine tolle Lernatmosphäre. Ein Dozent ist mir besonders im Gedächtnis geblieben: Er hat in der ersten Vorlesung ein iPad durch die Reihen gehen lassen. Jeder Teilnehmer durfte ein Kurzvideo von sich selbst aufnehmen, in dem er sich mit seinem Namen vorstellte. In der nächsten Vorlesung kannte er den Namen jedes Einzelnen auswendig. Dies hat eine ganz besondere Atmosphäre erzeugt, da sich jeder Einzelne persönlich angesprochen und in die Gruppe integriert fühlte.«

Ein Umfeld schaffen, mit dem sich die Studenten identifizieren können, ein Klima, das sie motiviert – das ist exzellentes Leadership.

Hallo wach!

Eng verbunden mit der Offenheit ist die Kunst der Aufmerksamkeit. Damit meinen wir nicht nur, dass Unternehmen durch aufmerksames Beobachten ihrer Kunden auf die glorreiche Idee kommen, einen Onlineservice und eine Hotline einzurichten. Nein, so etwas ist längst Standard. Wir meinen die Aufmerksamkeit, die für den Kunden jeden Kontakt mit einem Unternehmen zu einem sehr persönlichen und schönen Moment macht. Zu einem *moment of truth*, wie ihn Nicolas aus dem RichtigRichtig-Team erlebt hat.

>**»Ich habe mit meiner Freundin** einen kleinen City Trip nach Hamburg unternommen. Um den Tag möglichst voll ausschöpfen zu können, reisten wir früh an. Das Hotelzimmer sollte zwar erst ab 15 Uhr frei sein, aber das nahmen wir in Kauf und hinterlegten die Koffer im Gepäckraum. Die Empfangsdame war sehr zuvorkommend und bot einen Service an – ganz ohne unsere Nachfrage. Sie erkundigte sich nach einer Handynummer, um uns zu benachrichtigen, wenn das Zimmer frei ist. Wir verließen das Hotel und erhielten schon um 10.30 Uhr eine SMS von ihr. Den Check-In führte eine Kollegin durch. Kurz vor der Abreise begegneten wir der Empfangsdame wieder. Sie erkannte uns und fragte, ob wir zufrieden waren und mit dem Koffer alles funktioniert habe. Toll!«

Das ist gar nicht so einfach umzusetzen. Es fordert Energie, ständig wach zu sein für neue Informationen, für sich verändernde Stimmungen, Bedürfnisse oder Wünsche im Team oder beim Kunden. Aber es ist überlebenswichtig. »Die Neigung zur Achtlosigkeit ist der eine Grund, warum Organisationen im Umgang mit dem Unerwarteten scheitern können«, schreiben Karl E. Weick und Kathleen M. Sutcliff, beide Professoren für Organisationsverhalten an der Business School der University of Michigan in ihrem Buch *Das Unerwartete managen: Wie Unternehmen aus Extremsituationen lernen.*

Wer den Markt nicht beobachtet, kann übersehen, dass sein Serviceangebot schon morgen überflüssig ist. Wer die täglichen Abläufe nicht genau im Blick hat, wer seine Mitarbeiter nicht anhält, kleinste Unschärfen zu melden und auch sein Management nicht darauf trainiert hat, nach Fehlern zu fragen, der riskiert eine Menge.

PRAXISTIPP

Aber wie machen wir die Mitarbeiter wach? Mit Irritation. Ein Maschinenbauunternehmer stand als Hersteller und Vertreiber von komplexen technischen Geräten vor der Situation, dass etlichen Endkunden die Gebrauchsanleitung so unverständlich blieb wie eine japanische Speisekarte. Was machte er? Er ließ in der Kantine japanische Speisekarten verteilen. Den verblüfften Mitarbeiter erklärte er knapp: »Genauso fühlen sich unsere Kunden mit unseren Bedienungsanleitungen!« Wie können Sie Ihre Mitarbeiter irritieren?

Klarheit motiviert

Warum exzellente interne Kommunikation letztendlich zu begeisterten Kunden führen *muss*, zeigt eine Studie aus dem Haus Towers Watson – und zwar die Global Workforce Study 2014. Analysiert wurden die Aussagen von mehr als 32.000 Arbeitnehmern aus 26 Ländern, darunter mehr als 1.000 aus Deutschland.

Ergebnis: Entscheidend für das Engagement der Mitarbeiter ist, »dass Arbeitnehmer verstehen, wie die eigene Arbeit zur Erreichung der Unternehmensziele beiträgt«, erklärt Heike Ballhausen, Expertin für Talentmanagement und Organisationsentwicklung bei Towers Watson. Deshalb müssen diese Ziele klar erklärt werden. Klar formuliert werden muss auch der »Employment Deal«: Was erwartet die Firma? Was gibt die Firma dafür? Laut Towers Watson haben die Unternehmen, bei denen Geben und Nehmen in einem ausgewogenen Verhältnis zueinander stehen, tendenziell auch die am besten integrierten, die am engsten an der Strategie ausgerichteten und am Wettbewerb orientierten Entwicklungsprogramme für Mitarbeiter.

Infolge dieser intelligent aufgestellten Programme sinkt laut Studie die Wahrscheinlichkeit, dass Probleme bei der Gewinnung und Bindung von Mitarbeitern auftauchen, um 50 Prozent. Das Stressthema Fachkräftemangel wird also halbiert. Es verschwindet allein durch intelligente Kommunikation.

Kommunikation unterstützen mit relevanten Ritualen

Wenn Sie in einem Konferenzzentrum nach dem Ort Ihrer Veranstaltung fragen, bekommen Sie typischerweise eine dieser drei Antworten:

➤ »Ich weiß es nicht, fragen Sie bitte an der Rezeption.«

➤ »Ich weiß es nicht, aber ich frage gerne für Sie nach.«

➤ »Ihre Veranstaltung findet im Raum XY statt, ich begleite Sie gerne dorthin.«

Probieren Sie es ruhig einmal aus! So wissen Sie schon in drei Minuten, ob Sie es mit einem gut geführten Haus zu tun haben. Wenn Sie Antwort Nummer eins bekommen, haben Sie Pech. Bei Antwort Nummer zwei können Sie schon froh sein, weil die Mitarbeiter offenbar zumindest ein Grundverständnis von Service mitbringen. Wenn Sie das Glück haben, die dritte Antwort zu erhalten, dann haben Sie wahrscheinlich auch das Glück, in einem Unternehmen mit serviceorientierten Mitarbeitern *und* funktionierender interner Kommunikation gelandet zu sein.

Was braucht es dazu? Rituale! Hier zwei Vorschläge aus unserer Praxis:

PRAXISTIPP

Kurzmeetings. Nur zehn bis 15 Minuten. Jeden Tag. Wir haben sehr gute Erfahrungen gemacht mit *täglichen Kurzbesprechungen vor eigentlichem Dienstbeginn – also* vor *dem Kundenkontakt. Auch bei Schichtbetrieben.* Möglich ist folgendes Vorgehen: Die Qualitäts- oder Personalabteilung erstellt jeden Tag die wichtigsten Informationen zentral für alle.

– Welche Projekte stehen heute an?

– Welche Termine stehen auf dem Programm?

– Welche Änderungen gibt es bei der Personalplanung?

– Wer nimmt an welchen Schulungen teil?

– Was ist uns gut gelungen?

In jeder Abteilung hält jeden Tag ein Mitarbeiter dieses Kurzmeeting. Das kann eine Führungskraft, aber auch ein Azubi sein. Das System ist selbstorganisierend. Jeder Mitarbeiter hat die Pflicht, vor Arbeitsbeginn an einem dieser Kurzmeetings teilzunehmen. Jeder kann das in jeder Abteilung tun. In einem Hotel könnte also der Rezeptionist in die Küche gehen und der Kellner ins Bankett. So wird gleichzeitig abteilungsübergreifendes Denken gefördert.

Hier ist die beste Zeit und der beste Ort, kurz über die Erfolge und Fehler des Vortages zu sprechen. Lob zu verteilen. Lösungen zu finden. Mut zu machen. Motivation zu geben für den neuen Tag. Ganz kurz! Wichtig: Dieses Forum eignet sich nicht für Monologe und auch nicht für Demonstrationen von Autorität. Das wäre kontraproduktiv. Auch die Analyse von Fehlern gehört in andere Formate. Es geht um einen offenen Austausch. Es geht um authentische Kommunikation.

Kurzfilme. Auch eine kurze Ansprache des Geschäftsführers per Video kann sehr authentisch wirken. So ist zum Beispiel von Cisco in der Schweiz bekannt, dass der GM alle seine Mitarbeiter jede Woche über die wichtigsten Entwicklungen im Unternehmen per Fünf-Minuten-Film informiert. Mitarbeiter beschreiben diese Art der Information als »sehr wertvoll«. Dass sich viele den Film der Woche offenbar auch mehrmals anschauen, zeigen die hohen Klickraten.

Kurze Rituale haben auf Haltung und Verhalten der Mitarbeiter einen größeren und nachhaltigeren Effekt als seltene, teure Megaevents. Das Prinzip kennen Sie aus der Kindererziehung: Vieles müssen Sie eben hundert Mal sagen und noch öfter üben, bis es sitzt.

Worauf es ankommt

> **Mit Fokus** wird gedankenloser Small Talk zu intensivem Dialog. Wenn Sie sich das trauen!

> **Mit Feingefühl** erreichen Sie Service-Excellence. Es hilft gegen schematisches Denken und Handeln.

> **Offline!** Immer wieder eine gute Idee.

> **Onlinekommunikation** erfordert hohe Disziplin. Allzu oft werden negative Emotionen oder wenig durchdachte Desinformationen viel zu schnell öffentlich gemacht und in Social Media weiter verbreitet. Mit großem Schaden für das Unternehmen.

> **Persönlich** ist richtig. Wer den Namen seiner Kunden kennt, hat sein Herz schon gewonnen.

> Wer in der Kommunikation **wach** ist und bleibt, kann auch Unerwartetes managen.

> **Klarheit** siegt. Wer exakt weiß, warum die eigene Arbeit wichtig ist, arbeitet motivierter – und begeistert Kunden.

> **Regelmäßige** Meetings oder auch medial vermittelte Ansprachen sorgen für einen engen Draht zwischen den Mitarbeitern.

> **Kreativität** macht Eindruck. Gut dosiert wirken gezielte Irritationen oder Provokationen Wunder.

> **Kurz tut gut.** Niemand hat heute mehr Zeit, drei Stunden zuzuhören oder sieben Seiten Sermon zu lesen.

Wertschätzung: Klares Fairplay statt schwammiges Feedback

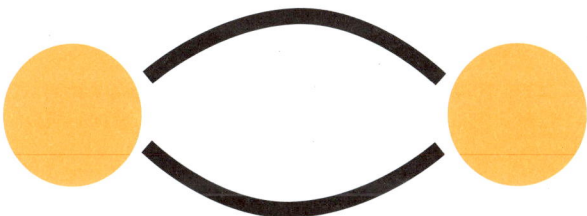

Exzellente Unternehmen bringen dem Doorman genauso viel Respekt entgegen wie dem Geschäftsführer, dem Sachbearbeiter genauso viel Respekt wie der Bereichsleiterin, dem kleinen Neukunden genauso viel wie dem etablierten Stammkunden. Sie geben allen Beteiligten größte Wertschätzung, indem sie nicht nur für emotionale Zuwendung sorgen, sondern auch für soziale Einbindung – und indem sie ihre Zusagen einhalten! So entsteht Loyalität, die sich auch in Zeiten der zunehmenden Jobwechsel und der sinkenden Kundenbindung als tragfähig erweist.

Grund genug, um in diesem Kapitel genauer zu schauen, warum Wertschätzung mehr ist als Lob, warum sie motiviert und wie Sie Wertschätzung wirksam zum Ausdruck bringen können.

Wie Wertschätzung wirkt

Häufig kursieren unter Führungskräften sehr seltsame, um nicht zu sagen grundfalsche Annahmen zum Thema Feedback. So hören wir zum Beispiel:

Feedback an Mitarbeiter ist Weicheiergeschwätz. »Gute Leistungen werden verlangt, also sind sie auch zu liefern. Nicht geschimpft ist schon genug gelobt!« – nach diesem Motto führen vor allem diejenigen, die genervt sind von einer Feedback-süchtigen *Generation Y*, die schon im Kleinkindalter für jede Nichtigkeit über alle Maßen gelobt wurde und jetzt als »verweichlichte Kuschelkohorte« ein vernünftiges Arbeiten im Unternehmen unmöglich macht. *Trophy Kids* nennen Führungskräfte der alten Schule die Nachwuchskräfte, die im Unternehmen auftreten »wie eine Diva beim Dorftanztee« und jede Woche hören wollen, wie toll sie sind.[36]

Feedback von Mitarbeitern ist pure Anmaßung. »Was versteht der kleine Mitarbeiter überhaupt von meinem Job? Von meiner Verantwortung? Gar nichts. Seine Meinung interessiert mich nicht!« – das sagen Führungskräfte, die auf die Meinung der Basis überhaupt nichts geben. Die nicht einmal ein Lob »von unten« hören wollen. Weil sie weit darüberstehen. Oben eben. Wer sehr auf seine höhere Position, auf Macht und Autorität bedacht ist, kann Gespräche auf Augenhöhe schon aus Prinzip nicht führen.

Feedback ist nur **eine** Spielart, mit der wir Wertschätzung ausdrücken können. Echte Anerkennung geht weit darüber hinaus.

Wertschätzung ist viel mehr als ein Lob

Axel Honneth, Sozialphilosoph aus Frankfurt am Main, unterscheidet drei ganz verschiedene Dimensionen, die wir hier vereinfacht wiedergeben:

Drei Dimensionen der Anerkennung[37]

	1. Emotionale Zuwendung	2. Kognitive Achtung	3. Soziale Wertschätzung
Wertschätzung persönlicher ...	Bedürfnisse und Gefühle	Integrität	Fähigkeiten und Eigenschaften
Betrifft...	sehr enge Beziehungen: z. B. Liebe, Freundschaft	Rechte: z. B. Grundrechte, Verträge	Gemeinschaften, die Werte teilen: z. B. Unternehmen, Vereine, Nachbarschaften
Führt zu ...	Selbstvertrauen	Selbstachtung	Selbstschätzung
Ihr Fehlen führt zu ...	Formen der Misshandlung	Entrechtung, Ausschließung	Entwürdigung, Beleidigung

Das Thema *emotionale Zuwendung* ist uns intuitiv klar: Genau das meinen wir, wenn wir Wertschätzung mit persönlichen Gesprächen in Verbindung bringen. Wenn wir Bedürfnisse von Mitarbeitern erkennen und ihnen zum Beispiel Freiheiten in Bezug auf Arbeitszeiten und Arbeitsorte gewähren. Wenn wir mit Servicesahnehäubchen die Emotionen unserer Kunden gezielt ansprechen. Wenn wir handgeschriebene Auszeichnungen verteilen oder Einladungen zum Geburtstagsessen.

Es gibt genügend Studien, die den Wert dieser Art der Wertschätzung auf den Prüfstand gestellt haben und zeigen können, dass mehr Herzlichkeit für den Menschen mehr zählt als mehr Geld: Michel Maréchal zum Beispiel, Assistenzprofessor am Institut für Volkswirtschaftslehre der Universität Zürich, konnte in einer Feldstudie klarstellen, dass Lohnerhöhungen an sich fast keinen Einfluss auf die Produktivität der Mitarbeiter haben. Aufmerksamkeit und Wertschätzung spielen die deutlich größere Rolle. Für seinen Versuch rekrutierte er Studenten, die am Computer Bücher katalogisieren sollten. Drei Stunden lang für zwölf Euro pro Stunde. Der ersten Gruppe zahlte er das vereinbarte Honorar. Der zweiten bot er überraschend eine Lohnerhöhung von sieben Euro an. Der dritten Gruppe schenkte er vorab als Dankeschön eine Thermoskanne im Wert von sieben Euro. Das Ergebnis: Das Honorar allein hatte keinen statistisch signifikanten Effekt. Die Thermoskanne hingegen bewirkte eine Produktivitätssteigerung von 25 Prozent. In einer vierten Gruppe durften die Probanden zwischen sieben Euro in bar und der Thermoskanne wählen. 80 Prozent nahmen das Geld und brachten die gleiche Leistung wie diejenigen, die die Kanne bekommen hatten.

Dass Wertschätzung stärker motiviert als reines Geld, zeigte schließlich die fünfte Gruppe: Sie erhielt vorab als Dankeschön die sieben Euro in bar, nun aber in Form einer gefalteten Origami-Figur. Und siehe da: Die Produktivität dieser Gruppe stieg um 30 Prozent.

Maréchal folgert daraus: »Die Studenten hatten das Gefühl: Da hat jemand Zeit und Mühe investiert, um ein Geschenk zu machen.« Ausschlaggebend sei nicht das Geschenk an sich, sondern das Zeichen der Wertschätzung.[38]

Kognitive Achtung **zielt in eine ganz andere Richtung** – und darüber machen wir uns oft zu wenig Gedanken. Diese Form der Anerkennung hat nichts mit Emotionen zu tun. Nichts mit Origami. Sondern mit Respekt vor den Rechten unseres Gegenübers – ganz gleich, ob wir uns emotional mit ihm verbunden fühlen oder nicht. Gemeint sind die *Freiheitsrechte*, die seit der bürgerlichen Revolution im 18. Jahrhundert jedem zukommen – und die heute in den Unternehmen zum Teil so weit gehen, dass Mitarbeiter über ihre Arbeitsziele, -zeiten und -orte mitbestimmen dürfen. Außerdem das

Recht auf *Partizipation* – im 19. Jahrhundert wurde es zum Beispiel durch das politische Wahlrecht eingeführt, heute wird in jedem Unternehmen gerungen, an welchen Prozessen alle Mitarbeiter teilnehmen dürfen und was die Spitze allein entscheidet. Gemeint sind auch *soziale Rechte*, die mit dem Aufkommen des »Wohlfahrtsstaates« im 20. Jahrhundert entstanden sind, und die in Unternehmen ebenfalls permanent verhandelt werden. Stichworte: Kündigungsschutz, Betriebsrente.

Der warme Regen der emotionalen Anerkennung bringt die Motivation von Mitarbeitern und Kunden nur dann zur Blüte, wenn Verträge eingehalten werden, wenn Rechte respektiert werden und pünktlich gezahlt wird. Dazu drei Beispiele:

Ein freier Mitarbeiter, der einen wertvollen Kugelschreiber zum Dank für eine gelungene Projektarbeit bekommt, der aber wochenlang auf die Überweisung seines Honorars warten muss, fühlt sich zu Recht beleidigt.

Ein High Potential, der viel emotionale Unterstützung bekommt, aber weder einen fairen Arbeitsvertrag noch eine faire Bezahlung, kann nicht die Selbstachtung aufbauen, die er als Nachwuchstalent braucht. Wie auch?

Ein Kunde, der von einem Mitarbeiter abschätzig behandelt und in einer Verhandlung über den Tisch gezogen wird, lässt sich durch eine emotional aufgeladene Geburtstagskarte nicht zurückgewinnen. Nur noch mehr verärgern.

Soziale Wertschätzung meint die Anerkennung individueller Fähigkeiten und Leistungen, sowie die aktive Einbeziehung in eine Gemeinschaft, die die gleichen Werte teilt, und – so ist es in gut geführten Unternehmen – mit der gleichen Mission unterwegs sind. Doch auch hier gilt: Soziale Wertschätzung allein reicht nicht.

Es ist zwar ein guter erster Schritt, wenn Sie Ihren besten Mitarbeitern gerahmte Zertifikate für ihre Leistungen überreichen. Wenn Sie dies allerdings ohne emotionale Hinwendung tun und obendrein nicht pünktlich zahlen, werden diese auch durch die schönste Geschäftsführerunterschrift nicht motiviert. Die Geste kippt sogar ins Gegenteil um: Ein derartiges Zertifikat wird als Unverschämtheit empfunden und landet unversehens im Restmüll.

Sie sehen also: Echte Wertschätzung braucht viel mehr als nur »Feedback«. Sie braucht emotionale Zuwendung *und* kognitive Achtung *und* soziale Wertschätzung. Und das ist gut so: Denn so haben Sie mehrere Hebel, mit denen Sie wunderbar arbeiten können. Doch eine Frage haben wir noch nicht geklärt: Was bewirkt eigentlich Wertschätzung?

Warum Wertschätzung motiviert

Das lässt sich gut mit der Maslow'schen Bedürfnispyramide erklären. Ganz unten in der Hierarchie unserer Bedürfnisse steht unser Körper, dann folgt unser Bedürfnis nach Sicherheit und nach Zugehörigkeit. Unter Individualbedürfnissen versteht der US-amerikanische Psychologe Abraham Maslow den Wunsch nach Erfolg, Freiheit und Selbstachtung. An der Spitze der Pyramide schließlich steht unser Wunsch nach Selbstverwirklichung.

Zu Recht wurde diese Pyramide der menschlichen Bedürfnisse von oben bis unten kritisiert. Zum Beispiel, weil sie nicht weltweit universell einsetzbar ist: Die Kulturen Asiens oder Afrikas sind nicht so stark auf individuellen Erfolg fokussiert wie wir in den westlichen Industrieländern. Aber so lässt sich von dieser Pyramide eine interessante Brücke zum Thema Wertschätzung schlagen: Nur mit

➤ *Selbstvertrauen*, das wir durch emotionale Zuwendung aufbauen,

> mit *Selbstachtung,* die wir durch rechtliche Anerkennung erfahren, und nur mit einer

> positiven *Selbsteinschätzung* in Bezug auf die eigene Leistungsfähigkeit kann

> *Selbstverwirklichung* gelingen!

Die mehrfach positive Wirkung echter Wertschätzung können wir selbst nicht erzeugen – wir sind darauf angewiesen, diese im Kontakt mit anderen zu erfahren.[39] Deshalb gilt:

Feedback ist das Futter für Champions.

Excellence braucht echte Auszeichnung

Was können Sie als Unternehmer nun konkret tun, um Ihren Mitarbeitern und Ihren Kunden Wertschätzung entgegenzubringen? Um sie wirklich zu begeistern? Mehr Gehalt oder kleinere Preise allein machen den Kohl nicht fett. Was ist es aber dann?

Geld allein bringt wenig

Nette Kollegen, ein Job, der Spaß macht sowie faire und fördernde Führungskräfte sind für die meisten Mitarbeiter wichtiger als Geld. Das zeigt eine Umfrage zur Arbeitsmotivation von Hay Group und dem Onlinejobportal Stepstone unter mehr als 18.000 deutschen Arbeitnehmern (2012).

Das Gehalt spielt eine derartig untergeordnete Rolle, dass rund ein Drittel meint, eine Gehaltserhöhung könne sie *grundsätzlich* nicht motivieren. Weitere 47 Prozent der Befragten gaben an, eine Gehaltserhöhung könne sie *nicht zusätzlich* motivieren. Der Rest der Befragten lässt sich motivieren, allerdings bedarf es bei knapp der Hälfte dieser Mitarbeiter einer Steigerung von mindestens 20 Prozent, damit die Zusatzmöhre überhaupt wirkt.

Boni wirken oft sogar eher verschreckend als motivierend: Variable Anteile von 30 Prozent und mehr machen Mitarbeitern Angst. Vor die Wahl gestellt, würde die Mehrheit der Befragten sich lieber mit einem niedrigeren, aber sicheren Einkommen zufriedengeben. Ein höheres Einkommen mit variablem Einkommen wird dagegen eher abgelehnt.

Loben – aber richtig

Bei einem unserer Kunden hat eine Mitarbeiterbefragung einen interessanten Zusammenhang ans Licht gebracht. Gefragt wurde: »Wer im Unternehmen hat für Sie die höchste Glaubwürdigkeit?« Natürlich ging die Geschäftsführung davon aus, dass sie selbst in dieser Frage als leuchtendes Vorbild ganz vorn stehen würde. Doch es kam anders – und das Ergebnis war sehr eindeutig. Die Mitarbeiter attestierten in allen Bereichen ihrer direkten Führungskraft die höchste Glaubwürdigkeit. Das ist der Grund, warum wir in allen Projekten sehr stark auf die Teamleiter als Multiplikatoren und Treiber von Excellence setzen. Sie haben die größte Hebelwirkung.

Studien bestätigen diese Einschätzung. So ist das Lob des direkten Vorgesetzten laut McKinsey Quarterly Survey (2009) der wichtigste Motivator im Unternehmen, der nichts mit Geld zu tun hat. Auf Platz zwei folgt Wertschätzung durch Führungskräfte – zum Beispiel gezeigt durch Vier-Augen-Gespräche, in denen sich der Vorgesetzte komplett auf sein Gegenüber konzentriert. Platz drei nimmt die Chance auf eine eigene Projektführung ein. Diese Motivatoren, so die Umfrage unter weltweit rund 1.000 Mitarbeitern und Führungskräften, seien genauso stark oder sogar noch stärker als die drei wichtigsten finanziellen Anreize: Bonuszahlungen, ein höheres Grundgehalt und Aktien.

Nicht nur Umfragen zeigen die starke Wirkung von Lob – auch psychologische Experimente weisen den Effekt nach. So konnte Norihiro Sadato vom National Institute for Physiological Sciences zeigen, dass Komplimente mindestens ebenso anspornen wie Geld. In seinem Experiment teilte er 48 Probanden in drei Gruppen auf. Sie sollten ihre Fingerfertigkeiten auf einer Tastatur perfektionieren. In der ersten Gruppe wurde jeder Teilnehmer gelobt. In der zweiten Gruppe sahen Teilnehmer zu, wie einem Probanden ein Kompliment gemacht wurde. Die dritte Gruppe schaute sich die Gruppenlernerfolge als Grafik an.

Ergebnis: Den größten Lernerfolg erzielte die Gruppe der individuell gelobten Probanden. Sadato folgert daraus, dass Lob auf spätere Leistungen stimulierend wirkt.[40]

Nun wissen wir alle, dass das Formulieren von Lob gar nicht so einfach ist. Viel zu schnell klingt selbst eine gestandene Führungskraft wie ein Erzieher im Kindergarten: »Fein gemacht!« Besser kommt Ihr Lob so an, wenn Sie folgende Fallstricke vermeiden:

PRAXISTIPP

Auf den Punkt statt viel Geschwafel: Loben Sie kurz und bündig, direkt und konkret. Am besten nicht einen einzigen Mitarbeiter, auch nicht alle Mitarbeiter auf einmal, sondern immer eine Handvoll der Besten. Das spornt die anderen am stärksten an.[41]

Auf Augenhöhe statt von oben herab: Sagen Sie ruhig »Herzlichen Glückwunsch, dass Ihnen XY so gut gelungen ist!« – so sprechen Sie wertschätzend auf Augenhöhe und nicht bewertend wie ein Oberlehrer.

Auszeichnungen statt billiger Kugelschreiber: Mitarbeiter möchten keinen austauschbaren Krempel aus der Werbegeschenkeecke bekommen, wenn sie eine sehr gute Leistung erbracht haben. Besser kommen symbolische Auszeichnungen an wie zum Beispiel Urkunden. Sehr gute Erfahrungen haben wir mit internen *Service Awards* gemacht: Hier küren Kollegen und Kunden den serviceorientiertesten Mitarbeiter im Unternehmen. Während der Vorschlagsrunden und der geheimen Wahl entwickelt sich eine ganz besondere Eigendynamik im Unternehmen, die lange nachwirken kann.

Das heißt also für Sie: Zeichnen Sie exzellente Mitarbeiter öffentlich aus! Verteilen Sie Urkunden! Spendieren Sie Ihren besten Abteilungen Espressomaschinen, Kühlschränke oder etwas Persönliches. Feiern Sie Excellence.

Danke sagen

Der Dank ist eine besonders einfache Form, seinem Gegenüber Respekt zu zeigen. Eigentlich! Denn Hand aufs Herz: Wann haben Sie sich das letzte Mal bei einem Ihrer Mitarbeiter herzlich bedankt?

Danke! ist ein Wort, das vielen Führungskräften dann leicht über die Lippen geht, wenn es sachlich und mechanisch gemeint ist. Im Sinne von: »Alles klar, jetzt gehen Sie aber schnell zurück an Ihren Platz, ich habe zu arbeiten.« Ein von Herzen kommendes, aufrichtiges »Dankeschön!« erfordert viel mehr Emotionen, viel mehr Energie.

Denn echte Dankbarkeit drückt Anerkennung aus: »Was Du mir gegeben hast, habe ich gut gefunden!« Und Emotionen: »Du hast mich überrascht!« Und die Bereitschaft, etwas abzugeben: »Ich teile meine Freude mit dir!« Vor allem aber die Bereitschaft, etwas zurückzugeben: »Ich bin dir Dank schuldig!«

In einem unserer Projekte ließen wir Glückskekse mit vielen, sehr originellen Lob- und Dankessprüchen produzieren, die die Teamleiter ihren Mitarbeitern für einen guten Einsatz schenken konnten. Von manchen Führungskräften wurden Teamleiter daraufhin etwas ketzerisch *Glückskeksverteiler* genannt. Doch die Mitarbeiter – und auch die Teamleiter – liebten die Glückskekse so sehr, dass in den ersten Monaten über 10.000 davon geordert wurden. Die Idee konnte also so falsch nicht sein.

Emotionen zeigen, teilen, zurückgeben – das gehört bei vielen Führungskräften nicht zum bevorzugten Repertoire an Verhaltensweisen. Warum? Manche setzen zu einseitig auf ihre Ratio, manche sind zu stolz für ein einfaches *Danke!*, manche haben noch nicht entdeckt, wie viel Reichtum außerhalb ihrer eigenen Person liegt.[42] Doch genau da liegt er. Wer das erkennt und den Menschen Respekt zeigt, die sich für ihn ins Zeug legen, hat überhaupt erst Zugang zu diesem Reichtum.

Das echte und ernst gemeinte Wörtchen »Danke!« öffnet das Tor. Wie kommt es echt an?

Spontaneität statt Dankeschön-Mechanik: Immer wieder kursieren Ratschläge wie »Machen Sie einmal pro Woche Ihren Dankeschön-Tag und rufen Sie mindestens fünf Kunden, Kollegen oder Mitarbeiter an«. Das ist vielleicht eine nette Idee für Menschen, die sich vor lauter Stress von ihrem Terminkalender

fernsteuern lassen. Wie wäre es stattdessen, immer dann und sofort »Danke!« zu sagen, wenn es die Situation erfordert? Ein
schneller und spontaner Dank wirkt viel stärker als ein geküns-
teltes »Dankeschööön!«, das Sie nur deshalb sagen, weil Mitt-
woch ist.

Persönlicher Brief statt Massenmail: Eine schnell hingetippte
Dankeschön-Mail kann so unpersönlich wirken wie der Herzli-
chen-Glückwunsch-zu-Ihrem-Kauf!-Zettel, der aus jeder neuen
Produktverpackung fällt und direkt ins Altpapier wandert. Viel
intensiver wirkt eine handgeschriebene Karte aus hochwertigem
Papier.

Praktiziert ein Unternehmen eine Dankeschön-Karten-Kultur, sehen Sie nach kurzer Zeit an jeder Büropinnwand selbst geschriebene
Karten. Probieren Sie es aus: Schenken Sie Ihren Mitarbeitern schön
gestaltete Blankokarten und geben Sie nur zwei Regeln mit auf den
Weg. *Erstens:* Jeder darf jedem schreiben. *Zweitens:* Jede Karte muss
per Hand geschrieben werden. Und schon fällt das Danken gar nicht
mehr so schwer.

In einem mittelständischen IT-Unternehmen schrieb der
CEO jeden Morgen drei persönliche Dankeschön-Karten. Mit
seinem besten Füller, auf handgeschöpftem Papier. Sehr ungewöhnlich für einen IT-Nerd! Der Effekt: »Wenn der Chef mir so
dankbar ist, dann arbeite ich weiter an neuen Ideen!« Manager
und Mitarbeiter fühlten sich ermutigt, persönlicher und wertschätzender miteinander zu kommunizieren – auch in Richtung
Kunden. Motivation und Leistung stiegen deutlich an.

Gemeinsam feiern

Wer sagt eigentlich, dass in Unternehmen nur runde Jubiläen gefeiert werden dürfen? 50 Jahre Firma. 30 Jahre Mitarbeit. Geht es nicht etwas individueller? Etwas leistungsorientierter? Ja! Und zwar ganz leicht.

Alle an einem Tisch: Laden Sie alle Mitarbeiter und Manager, die innerhalb eines Monats Geburtstag haben, zu einem Lunch ein. Gerne auch mit Partner! Das zeigt nicht nur Ihren Respekt, sondern führt auch zur Vernetzung von Menschen, die sich sonst vielleicht niemals begegnet wären.

Feste feiern, wenn sie fallen: Eigentlich ist es langweilig, nur deshalb zu feiern, weil eine Firma runde zehn oder 100 Jahre alt wird. Alt wird auch ein Stein. Feiern Sie doch, wenn Sie etwas geschafft haben: Umsatzrekord! Eine erfolgreiche Innovation! Eine sensationelle Wiederkaufquote! Endlich in den schwarzen Zahlen!

Das motiviert. Vor allem, wenn Sie zu diesen Feiern neben Ihren Mitarbeitern noch deren Partner und Partnerinnen und natürlich auch die Kinder einladen. So wird der Stolz der Firma mit in die komplette Familie getragen.

Konsequent feuern

Nach allem Lob, Preis, Dank und Hurra! wollen wir an dieser Stelle noch ein unangenehmes Thema anschneiden: Es wird passieren, dass während des Aufbaus Ihrer Kundenbegeisterungskultur einige Mitarbeiter das Unternehmen verlassen. Das ist gut so! Denn nicht alle können eine solche Kultur mittragen. Weil Sie die geforderte Leistung nicht bringen. Weil sie Prozesse nicht einhalten. Weil sie ihr eigenes Verhalten nicht steuern. Ob sie das nicht *wollen* oder nicht *können*, sei einmal dahingestellt.

Dass Ihre Belegschaft nicht zu 100 Prozent aus hochbegabten, hochmotivierten, hochgebildeten, hochdisziplinierten Menschen mit hochfein geschliffenen Umgangsformen bestehen kann, das ist normal. Trotzdem zeigt unsere Erfahrung: Die meisten Mitarbeiter kann man in solch einem Prozess sehr gut mitnehmen. Ein kleiner Teil – zumeist zwischen acht bis zehn Prozent – gehen diesen Weg nicht mit und verlassen das Unternehmen. Weil aber eine gelebte Servicekultur die Kundenloyalität *und* den Arbeitgeberruf erhöht, können diese Mitarbeiter durch neue Mitstreiter ersetzt werden, die Excellence wirklich mittragen wollen.

Von den Mitarbeitern, die Ihre Kultur der konsequenten Kundenbegeisterung nicht umsetzen, nicht verstehen, ignorieren oder sogar offen torpedieren, sollten Sie sich möglichst trennen. Sonst demotivieren diese ihre engagierten Mitarbeiter. Und sie kommen nicht raus aus der Servicewüste.

In Zahlen gesprochen verteilt sich das Verhältnis von Mitziehern und Miesmachern unserer Erfahrung nach so:

➤ Macher: 10 Prozent

➤ Mitmacher: 75 Prozent

➤ Miesmacher: 15 Prozent

Worauf es ankommt

1. **Ein Lob** wirkt auf Mitarbeiter oft wie »von oben herab«. Echte Wertschätzung geht anders.

2. **Emotionale Zuwendung** geht auf die Bedürfnisse eines Mitarbeiters ein und stärkt sein Selbstvertrauen.

3. **Kognitive Achtung** nimmt Rechte und Verträge ernst und stärkt die Selbstachtung eines Mitarbeiters.

4. **Soziale Wertschätzung** respektiert die Fähigkeiten und Eigenschaften eines Mitarbeiters und stärkt sein Selbstwertgefühl.

5. Wertschätzung motiviert, weil auf dieser Grundlage **Selbstverwirklichung** möglich wird.

6. **Geld** allein ist keine Wertschätzung – kann Mitarbeiter sogar demotivieren.

7. Ein **authentisches** »Dankeschön!« erfordert Demut. Und Demut erfordert Charakter.

8. **Spontaneität** wirkt wertschätzender als Lob nach Plan.

9. Ein **persönlicher** Brief bleibt als großes Zeichen der Wertschätzung lange im Gedächtnis. Und an der Pinnwand.

10. **Excellence erfordert Stil.** Beim Thema Wertschätzung heißt das Büttenpapier statt Mail. Füller statt Kuli. Blumen statt Fusel.

Entscheidungsfreiheit: Spielräume öffnen statt Erbsen zählen

Wie passen Bürokratie und Begeisterung zusammen? Eigentlich gar nicht. Begeisterung beim Kunden entsteht häufig dann, wenn Mitarbeiter spontan das Richtige tun. Überraschend. Unerwartet. Natürlich auch dann, wenn Prozesse klug aufgesetzt wurden und nicht nur in der Formalitätenliste unter Punkt 67b etwas steht, das Kunden angeblich gut finden.

Excellence braucht Spontaneität. Und: Spontan können Mitarbeiter nur dann handeln, wenn sie die Freiheit haben, ihr Handeln selbst zu steuern. Es muss doch möglich sein, dem Gast auf dem Business-Class-Sitz ein Economy-Class-Essen zu servieren. Warum auch nicht? Oder dem Besucher, der weit nach Mitternacht aus Eis und Schneesturm erschöpft im Hotel ankommt, spontan ein wenig Nervennahrung zu spendieren? So etwas erzählt der Gast begeistert weiter. Persönlich – und online noch in der gleichen Nacht. Wetten?

Dazu brauchen sie Entscheidungskompetenz und ein eigenes Budget, über das sie ohne Rücksprache sofort verfügen können. Der positive Effekt auf die Kunden ist nachweisbar so groß, dass sich derartige Investitionen lohnen.

Treue gibt es nur in Freiheit

Darum schauen wir uns in diesem Kapitel an, warum mehr Freiheit zu Excellence führt. Und wie die Freiheit Ihrer Mitarbeiter Kunden begeistert. Und zwar *sofort* begeistert.

Warum die längere Leine effektiver ist

Leider haben viele Führungskräfte das nicht verstanden. Sie behandeln ihre Mitarbeiter nicht wie exzellente Serviceprofis, sondern wie ungezogene Kampfhunde: Sie legen einen Maulkorb an, halten die Leine stramm, geben Anweisungen im Stakkatostil, fürchten unzähmbare Ausbrüche, sobald sie die Bestie loslassen.

Nun sind Mitarbeiter aber keine Kampfhunde, sondern – in den meisten Fällen zumindest – vernunftbegabte Menschen, die sogar guten Willens sind. Werden sie an der superkurzen Leine geführt, hören sie auf, selbstständig zu denken und zu handeln. Sie benehmen sich dann genau so, wie Herrchen es erwartet: wie blöde Kläffer! Lässt man ihnen aber Entscheidungsspielräume und gibt ihnen die Möglichkeit, sich einzubringen, dann handeln sie durchaus vernünftig. Manchmal sogar vernünftiger, als sich das Unternehmen das vorgestellt hat! Dazu ein Beispiel:

In einem erfolgreichen Konzern, den wir seit einigen Jahren beraten, gab es für Vertriebsmitarbeiter genaue Vorschriften, wie viel eine Übernachtung in einem Hotel höchstens zu kosten habe. Sie müssen sich das einmal genau vor Augen führen: Diese Vertriebsmitarbeiter verhandelten über Millionenbudgets. In der Hotelfrage aber sprach man ihnen jedes gesunde Preisgefühl ab. Nach einem CEO-Wechsel wurden alle, wirklich alle Regeln des Unternehmens auf den Prüfstand gestellt. Der neue CEO entschied: »Wir schaffen alle Reisekostenregelungen ab. Weg damit. Kontrolle ist zwar gut, Vertrauen ist aber noch besser!« Die Folge: Die Reisekosten sanken. Denn die Vertriebler buchten nicht mehr mit dem Ziel, möglichst viel aus dem erlaubten Budget herauszuholen, sondern versuchten seitdem, ein möglichst vernünftiges Angebot zu finden.

»Engagement«, sagt der Philosoph Peter Sloterdijk, »ist eine Konsequenz der Freiheitserfahrung«.[43] Wer wirklich frei ist, der hat auch die Freiheit, sich eben nicht am Gewöhnlichen zu orientieren, sondern am Besseren, am Schwierigeren, sogar am Unwahrscheinlicheren. Wir möchten ergänzen: an Excellence.

Auch das kann sich an Kleinigkeiten kristallisieren – wie an dieser entzückenden Kommunikation mit dem Callcenter einer Airline.

»Mein Hotelzimmer auf Mallorca hatte ich schon Wochen vor Ostern gebucht. Ich war noch nicht sicher, wie lange ich wirklich bleiben wollte. Insofern sondierte ich die Flugmöglichkeiten – davon gibt es nach Mallorca ja viele –, aber buchte noch nicht. Als ich kurz vor dem Urlaub den Flug fixieren wollte, gab es mehr oder weniger keinen mehr, zumindest bei Weitem nicht so, wie ich ihn wollte. Also rief ich am Sonntagnachmittag die Hotline an, in der Hoffnung, noch einen Meilenflug zu ergattern. Sehr freundlich, aber ein wenig skeptisch, offenbarte mir der Mitarbeiter: »Hmmm, da brauchen wir sehr viel Glück,

Frau Hübner, die Verbindung ist schon auf der Warteliste.« Ich: »Sie würden mir ein wirklich großes Sonntagsgeschenk machen!« Er: »Ja – zumal Sie ja auch noch bald Geburtstag haben.« So ging das recht humorvoll hin und her. Plötzlich sagt er: »Ja! Ich habe das Vorab-Geburtstagsgeschenk für Sie. Die Warteliste ist bestätigt.« Ich freute mich wie ein Schneekönig! Er: »Dann reserviere ich Ihnen gleich noch einen schönen Platz. Wo mögen Sie denn sitzen?« Ich in meiner Euphorie und ein wenig übermütig: »Gang und weit vorne. Und können Sie mir bitte noch einen netten Nachbarn besorgen?« Er antwortet: »Jetzt mache ich erst den Zubringerflug nach Frankfurt, da ist der Sitznachbar noch nicht so wichtig. Den reserviere ich Ihnen dann auf der Strecke Frankfurt – Palma. Erstens ist der Flug länger und zweitens sind Sie dort die ganze Woche, dann macht das richtig Sinn!« Ich musste herzlich lachen – so wird ein Hotline-Kontakt zu einem Moment der persönlichen Freude. Mehr davon!

Excellence braucht Freiheit

Natürlich kann ein Unternehmen allen Mitarbeitern an der Hotline bis zum letzten Komma genau vorschreiben, was sie wann zu sagen haben. Aber dann ist der Unterschied zu einem computergesteuerten Sprachmenü mit Retortenstimme so klein, dass man die Mitarbeiter aus Fleisch und Blut auch gleich ganz abschaffen kann. Oder? Wir haben es oft erlebt, dass Kundenbegeisterung dann entsteht, wenn sich Mitarbeiter Freiheiten herausnehmen. Wenn sie scherzen, lachen, einen Extraweg für den Kunden machen, ein wenig flirten und sogar provozieren – aus purer Lust an ihrem Job und aus Leidenschaft für ihren Kunden, den sie häufig nicht kennen und den sie an der Hotline noch nicht einmal sehen können. Mary aus dem RichtigRichtig-Team erzählt:

>**Ich hatte einen dringenden Termin** und fuhr mit dem Auto zur Tankstelle, als mich ein anderer Kunde freundlich warnte, dass mein Hinterreifen geplatzt sei. Da der Autohändler meines Vertrauens in der Nähe seine Werkstatt hat, rief ich schnell an. Prompt bot mein Autohändler mir an, dass mich ein Kollege zu meinem Termin bringt. >In der Zwischenzeit hole ich dann Ihr Auto ab, stelle es sicher auf unseren Hof und kümmere mich schnellstmöglich um einen neuen Reifen für Sie.< Ich war erleichtert und positiv von der Hilfsbereitschaft überrascht, die für mich in diesem Moment *richtigrichtig* war.«

Dass Spielraum Mitarbeiter exzellent macht, bestätigt eine Studie der US-Forscherinnen Gretchen Spreitzer und Christine Porath. Sie fanden heraus, dass die Entfaltungsmöglichkeit des Einzelnen direkt mit seiner Leistungsfähigkeit zusammenhängt. Mitarbeiter mit großem Spielraum bringen nach Angaben ihrer jeweiligen Chefs 16 Prozent mehr Leistung. Außerdem litten sie nach eigenen Angaben seltener an Burn-out, setzten sich stärker für ihr Unternehmen ein und waren zufriedener mit ihrem Job. Der Grund: Geben Führungskräfte ihren Mitarbeiter mehr Befugnisse, haben die Mitarbeiter eher das Gefühl, ihre Arbeit habe Wirkung und Sinn. Außerdem beginnen sie, an ihr eigenes Potenzial zu glauben. Das wiederum steigert ihre Fähigkeit, weiter zu lernen und sich persönlich zu entwickeln.[44]

Verantwortung neu denken

Freiheiten gewähren – das macht vielen Führungskräften Angst. Was, wenn die Mitarbeiter an der langen Leine Dinge tun, die sich nicht mehr kontrollieren lassen? Was, wenn sie mit ihrer Freiheit nicht verantwortlich umgehen?

Nun: Die totale Kontrolle der Mitarbeiter ist ohnehin eine Illusion. In den allermeisten Unternehmen sind die Vorgänge und Vernetzungen längst so komplex, dass der Versuch, sie allesamt bis ins Detail zu kontrollieren, alles lahm legen würde. Führung ist heute darauf angewiesen, dass Mitarbeiter sich innerhalb ihres Spielraums völlig selbstständig organisieren.

Warum das so ist? Vergleichen wir Management einmal ganz martialisch mit der Steuerung eines modernen Kampfjets – nach einer Idee von Autor Bernhard Krusche. Ein solcher Jet wird von einer Blackbox gelenkt, die den Kurs in jeder Sekunde mehrfach justiert. Weil das Flugzeug in sich instabil konstruiert ist, beobachtet es sich sozusagen selbst permanent beim Abstürzen und fängt sich pausenlos selbst wieder auf. Gerade deshalb ist es so beweglich. Die Vorgänge laufen so schnell ab, dass der Pilot überhaupt nicht mehr in der Lage ist, das Flugzeug manuell zu steuern. Er braucht die Blackbox, genau wie die Blackbox ihn braucht. Denn er gibt immer noch die Gesamtrichtung vor. Aus dieser Analogie lässt sich folgern, dass Führungskräfte heute Entscheidungsfreiheiten zugestehen müssen, um das Potenzial ihrer intelligenten Belegschaft nutzen und das Unternehmen überhaupt noch steuern zu können.[45] Und, fügen wir hinzu: um ihren Kunden exzellenten Service zu bieten. Sicher haben Sie es als Kunde selbst schon einmal erlebt, was es bedeutet, wenn ein Mitarbeiter keinerlei Befugnisse hat. Dann bekommen Sie nicht mal eben einen frischen Kaffee, unkompliziert ein Ersatzfahrzeug, binnen Minuten einen Rabatt oder einen Gutschein. Sondern sie stehen sich stundenlang die Füße an der Kasse platt oder hängen in Hotlines fest, bis sie wirklich, wirklich stinksauer sind.

PRAXISTIPP

First contact resolution heißt das Zauberwort. Der erste Mitarbeiter, der mit einer Reklamation oder mit einem Problem konfrontiert wird, sollte es nach Möglichkeit sofort und komplett lösen.

Denn je länger ein Fehler im Unternehmen von Ebene zu Ebene verschoben wird, desto teurer wird die Behebung – und desto sicherer haben Sie einen treuen Kunden verloren.

Wie sieht es bei Ihnen aus? Glauben Ihre Führungskräfte, dass

- sie alle Details kennen müssen?

- sie alle Probleme selbst lösen sollten?

- Mitarbeiter Unfug anstellen, sobald sie Spielraum haben?

- die Zufriedenheit jedes Kunden allein in ihrer Hand liegt?

Eine Ausnahme gibt es freilich: gravierende Reklamationen von Key Accounts. Hier versteht es sich von selbst, dass ein verärgerter Geschäftsführer nicht von einem vor Angst verstörten Praktikanten getröstet wird, sondern von einem Geschäftsführer. Und zwar nicht erst in 18 Tagen, weil da das nächste offene Zeitfenster im Kalender prangt, sondern sofort. Störungen haben immer Vorrang, und wir unterbrechen unsere Arbeit immer für den Kunden!

Ansonsten gilt: Geben Sie der Basis einen möglichst großen Entscheidungsspielraum. Das ist nicht gefährlich, sondern sehr vernünftig. Denn so lassen Sie die entscheiden, die Ihre Kunden kennen! Wir wetten mit Ihnen: Sie werden mehr Zeit für die wirklich wichtigen Dinge haben. Wie Strategie. Weichenstellung. Und es passiert noch etwas Erstaunliches: Manches wird viel besser laufen als zuvor. Ganz einfach deshalb, weil Sie die Intelligenz und die Kreativität Ihrer Mitarbeiter ausschalten, solange Sie alles selbst machen. Schneller, freundlicher, beweglicher und schließlich exzellent wird Ihr Unternehmen erst, wenn Sie Ihren Mitarbeitern die Möglichkeit geben, selbst und wirksam zu handeln. Wenn Sie also das Feintuning Ihrer Blackbox anvertrauen. Komplett.

Fehler feiern

Das braucht ein wenig Gewöhnung. Denn vieles werden Ihre Mitarbeiter naturgemäß anders machen als Sie selbst. Vielleicht besser, vielleicht aber auch nicht, und ganz sicher werden sie auch Fehler machen. Und dann?

Dann hilft Ihnen am besten das, was Berater als »Reframing« bezeichnen: Geben Sie der Sache einen neuen Rahmen. Sehen Sie Fehler nicht als ersten Schritt in Richtung Untergang, sondern als kostenlose Unternehmensberatung! Tatsächlich erfahren Sie bei einer Reklamation ganz ohne Beraterhonorar, wo etwas nicht funktioniert und was sie wie verbessern könnten.

Manchmal bedeutet das, freilich noch einmal um die Ecke zu denken. Nehmen wir an, Sie betreiben ein erstklassiges Lebensmittelgeschäft in der City. Eine Kundin beschwert sich erbost: »Ich wollte meinen Hund am Fahrradständer anbinden. Das ging aber nicht, weil da Fahrräder standen!« Sie könnten jetzt einen Lachanfall bekommen, weil diese Beschwerde absurd ist. Oder Sie bedanken sich ganz herzlich bei Ihrer Kundin für diesen wertvollen Hinweis und richten dann einen wunderbaren Warteplatz für Hunde ein – mit Extrahaken zum Anbinden und einem Napf mit frischem Wasser. Im nächsten Schritt können Sie hier noch Sonderangebote für Vierbeiner bewerben.

PRAXISTIPP

Damit möglichst viele Beschwerden wirksam und direkt in Prozessoptimierungen umgesetzt werden können, empfiehlt es sich, die Reklamationsbearbeitung nicht in eine einzige Abteilung auszulagern und diese auch noch von allen anderen Abteilungen abzukapseln. Im Gegenteil: In vielen Unternehmen bietet es sich an, jeder Führungskraft auf jeder Ebene pro Woche mindestens zwei Beschwerden zur Bearbeitung auf den Tisch zu legen. So entsteht überall im Unternehmen ein besseres Gefühl dafür, was wo schiefläuft und was wie gelöst werden kann. Denn Excellence heißt:

Die Führungsspitze spricht nicht nur über den Kunden, sondern auch mit dem Kunden.

Excellence wächst nur in Freiheit

Eine »lange Leine« – das klingt zwar schön, aber doch noch recht abstrakt und am Ende bleibt dann doch eine Leine. Wir haben versucht, eine Systematik der Freiheiten aufzustellen, damit Sie wissen, wo genau Sie die Leine verlängern können. Um nicht zu sagen: sollten.

Abschied vom Stundenplan

Was wurde doch in den Unternehmen gerungen, bis sich gleitende Arbeitszeiten durchsetzen konnten. Was wurde in den Schulen diskutiert, ob man die Grenzen zwischen den Schulstunden aufweichen und ob man die streng-schrillende Schulglocke abschaffen kann – oder ob dann Chaos ausbricht. Und was wurde auch in den Callcentern über die Länge eines optimalen Kundengesprächs gestritten. Vielerorts hat man heute die starren Zeitpläne abgeschafft, und siehe da: Das war eine gute Idee!

Ideen entstehen nämlich nicht pünktlich ab 7.55 Uhr. Menschen lernen nicht im exakten 45-Minuten-Takt. Und nicht jede Kundenanfrage dauert 3 Minuten 40 Sekunden. Wer versucht, Kreativität,

Lernprozesse oder Kommunikation in starre Zeitkorsetts einzusperren, der verhindert genau das, was er eigentlich strukturieren wollte. Er torpediert Excellence.

Das US-amerikanische Versandhaus Zappos hat das verstanden und schreibt seinen Callcenter-Mitarbeitern deshalb weder ein Skript vor, noch regelt es die Gesprächszeiten. So setzt es genau die Rahmenbedingungen, in denen es zu durchaus ungewöhnlich exzellentem Service kommen kann. Ein Beispiel dafür ist das mittlerweile legendäre Acht-Stunden-Servicetelefonat, das eine Callcenter-Dame mit einem Kunden führte. Eigentlich ging es dabei um einen Schuh, der nicht geliefert werden konnte. Daraus entspann sich ein *Small Talk* über das Radfahren und das Leben an sich, der sich über den ganzen Tag zog. Aus *Small* wurde *XXL*.

Zappos profitierte doppelt von diesem auf den ersten Blick ja un-ökonomischen Verkaufsgespräch. Erstens verkaufte es tatsächlich ein paar Schuhe. Immerhin. Und zweitens bot der Telefonmarathon wunderbaren Stoff für einen dreiminütigen Unternehmensfilm, der die geduldige Callcenter-Mitarbeiterin feierte, vor allem aber die Zappos-Servicekultur – in der Servicetelefone nicht in einem Callcenter bedient werden, sondern im *customer loyalty floor*. Die Story sorgte für gutes Marketing, weil Fans in Blogs darüber diskutierten und die Geschichte über alle möglichen Medienkanäle weitergeschrieben wurde. So ja auch in diesem Buch.[46]

Die Kehrseite dieser Medaille wollen wir an dieser Stelle nicht verschweigen. In etlichen Unternehmen hat die Lockerung der Grenzen zu seltsamen Blüten geführt. So gehört es zum guten Ton, am Wochenende zu arbeiten oder am späten Abend, warum nicht auch schon morgens um fünf Uhr? Nach dem Motto: Präsenz verschafft Respekt. Wer lange arbeitet, muss wichtig sein. Und wer das Büro vor 19 Uhr verlässt, der hat wohl nicht den Mumm zu harter Arbeit. Oder er hat nichts Aufregendes auf dem Tisch. Schlecht. Schon verloren.

Zwar sagen Topmanager wie Henkel-Vorstandschef Kasper Rorsted in der Presse derzeit Sätze wie »Die Präsenzkultur stirbt aus, die Digitalisierung wird das endgültig beenden.« Oder: »Mir ist egal, wo meine Leute arbeiten. Hauptsache, die Leistung stimmt.« (*F.A.Z.* vom 22.11.2015).[47] Aber: Ist denn immer klar, wie die »stimmende Leistung« exakt aussieht? Und was, wenn ich schneller geleistet habe als erwartet? Darf ich dann ins Fitnessstudio, oder muss ich mir neue Aufgaben abholen? Alles offene Fragen. So lange diese Fragen nicht geklärt sind, werden wohl weiter Jacketts als Bin-gleich-wieder-da-Zeichen am Drehstuhl hängen und die Zeitschaltuhr-gesteuerten Schreibtischlampen bis 22.13 Uhr leuchten.

Sie sehen schon: Patentlösungen haben auch wir nicht für dieses Thema. Wir sehen aber, dass sich im Umgang mit Zeit im Moment vieles verändert. Wir beobachten, dass diejenigen Unternehmen besonders erfolgreich sind, die diese Veränderungen offen zum Thema machen. Die gemeinsam reflektieren, statt wütig zu regulieren. Oder, schlimmer noch: Statt einfach so zu tun, als wäre nichts passiert ...

Coole Orte motivieren

Eine exzellente Servicekultur lebt dann besonders üppig auf, wenn sie an einem schönen Ort gefeiert werden darf. Der *genius loci*, also der Geist eines Ortes, kann Ihre Mitarbeiter zu Bestleistungen animieren. Oder aber völlig fertigmachen. Das hat überhaupt nichts mit Esoterik zu tun. Vergleichen Sie doch nur ein Hotel der Spitzenkategorie mit einer einfachen Absteige: Selbstverständlich ist das Luxushotel eine *erste Adresse* – vielleicht liegt es direkt am Meer oder an einer Prachtstraße. Und selbstverständlich ist auch sein Innenleben exquisit gestaltet. Einen miefigen Plattenbau werden Sie in dieser Hotelkategorie niemals finden.

Die Speerspitze der heutigen Erfolgsunternehmen hat das längst verstanden: Die neuen Büros von Google, Microsoft oder Credit Suisse sehen somit auch aus wie eine Mischung aus Hotel, Freizeit-park, Kinderspielplatz, Autobahnraststätte und TV-Serien-Raum-schiff. Hier schreibt niemand mehr den Mitarbeitern vor, wann sie wo zu sitzen haben. Stattdessen bewegen sich die überwiegend jungen Leute frei mit ihren tragbaren Arbeitsgeräten in der bunten Landschaft. Und der CEO sitzt – so heißt es gerne – auf Augenhöhe mit im Bällchenbad.

Wer die Freiheit hat, sich nach seinen Bedürfnissen jeweils einen idealen Arbeitsort auszusuchen, der empfindet sich selbst nicht mehr als unbedeutendes Rädchen in einem Bürokubus-Labyrinth. Wer über einen schönen und großzügigen Ort verfügen darf, der empfindet sich selbst und seine Tätigkeit als bedeutsam. Umge-kehrt: Wer im letzten Kellerbüro sein Dasein fristen muss, fühlt sich gedemütigt.

Excellence und Raum hängen eng zusammen! Deshalb vertreiben Revolutionäre ungeliebte Herrscher aus ihren Palästen und Lände-reien – bis sie irgendwo im Nirgendwo untertauchen.[48] Und deshalb sitzt die Führungsspitze immer in den oberen, in den hellen Etagen. Wenn Sie sich also lebensfrohe und motivierte Mitarbeiter wün-schen, dann sorgen Sie für eine schöne Umgebung mit freien Spiel-räumen für noch mehr Kundenbegeisterung.

Freier Zugriff auf Zahlen

Das gezielte Verteilen von Informationen ist eine wunderba-re Methode, mit Macht zu spielen. Funktioniert meistens! Leider untergräbt eine solche Informationspolitik jede Kundenbegeisterung. Der Grund: Wenn Mitarbeiter nicht wissen, welche Information welche Bedeutung für ihre Arbeit hat, oder welche Bedeutung ihre Arbeit für die Kunden hat, dann sehen sie keinen Sinn in ihrer Tätigkeit. Wie auch? Konsequenterweise leisten sie dann nur Dienst nach Vorschrift. Warum sollten sie auch mehr tun? Dummerweise machen sie genau dann auch viele Fehler. Denn wie sollen sie vernünftige Entscheidungen treffen, wenn sie das *big picture* nicht verstehen?

Die Biosupermarktkette Alnatura hat sich genau darüber intensiv Gedanken gemacht und eine neue Informationspolitik entwickelt, die nicht weniger als die traditionelle Betriebswirtschaft auf den Kopf stellt: Seit 2003 kann sich bei Alnatura jeder Mitarbeiter anschauen, welche Profite die Kollegen erwirtschaften und welche Kosten sie verursachen: Was kosten die Produkte im Einkauf? Was kosten Dienstleistungen wie Detektivarbeiten? Mit welchen Kosten schlagen Strom, Telefon, IT oder Weiterbildungen zu Buche?

Wertbildungsrechnung heißt das Instrument, das Leistungsströme innerhalb der Firma sichtbar macht. Die Idee dahinter: Wenn alle Mitarbeiter lernen sollen, unternehmerisch zu denken, brauchen sie freien Zugang zu den Daten. Erst dann können sie verstehen, wie sich Gewinne erwirtschaften lassen. Und selbst so entscheiden, dass der Laden läuft.

Übrigens: Immer wieder erreichen uns Geschichten von recht ungewöhnlichen Wegen der Informationsbeschaffung, die Kunden aber durchaus begeistern können – wie folgendes Beispiel von Mary aus unserem RichtigRichtig-Team zeigt:

> »Nachdem ich bei *Wer wird Millionär* war, meldete sich eine Thermomix-Repräsentantin aus Dresden per Mail bei RichtigRichtig.com, um den Kontakt mit mir herzustellen. Sie habe sich nach meinem Bekenntnis, dass ich das Schnippeln beim Kochen hasse, gleich gedacht: >Die braucht einen Thermomix!< Als ich meinen innigen Wunsch nach dem Küchengerät auch noch später während der Sendung äußerte, fasste sich die Thermomix-Fachfrau ein Herz und bot mir eben per Mail einen fertigen Vertrag dafür an. Um mit Frau Hübners Worten zu sprechen, es war ein >wirklich ambitionierter Vertriebsversuch<. Die pfiffige Idee der Dame ist die Verkörperung unseres Ziels, Kundenwünsche zu antizipieren und jeden Kunden positiv zu überraschen. Leider musste ich der Dame sagen, dass ich das Gerät bereits über eine Bekannte bestellt habe. Aber gleichzeitig habe ich ihr versprochen, sie an meine Freunde aus ihrer Region weiterzuempfehlen.«

Wundermittel SOS-Budget

Frei zugängliche Informationen bringen nur etwas, wenn Mitarbeiter zusätzlich auch die Freiheit bekommen, diese Informationen unternehmerisch zu nutzen. Bei Alnatura heißt das: Es werden keine verbindlichen Umsatzziele vorgegeben, die Filialen erstellen ihre Budgets selbst und legen auch Preise für Obst, Gemüse und Backwaren eigenständig fest, außerdem entscheiden sie existenzielle Fragen wie das Einkommen der Mitarbeiter selbst – und weniger existenzielle Details wie die Belegung der Tasten auf der Gemüsewaage.[49]

»Das ist doch Irrsinn!«, denken Sie? Ja: Der Gedanke, die Oberaufsicht über das Geld aufzugeben, treibt vielen Geschäftsführern den Angstschweiß auf die Stirn. Doch genau hier liegt der Knackpunkt!

Wir haben die Erfahrung gemacht, dass Mitarbeiter mit einem SOS-Budget von 1.000 Euro für Rettungsmaßnahmen bei Servicekatastrophen sehr bedacht und gezielt umgehen. Vor allem aber: sehr schnell.

So kann jeder Mitarbeiter Blumen bestellen, Kurierfahrten in Auftrag geben, Waren verschenken oder Gutscheine – was auch immer ihm gerade einfällt, um seinen Service auf Excellence-Niveau zu heben. Gut so! Ein wütender Kunde braucht jetzt eine großzügige Geste. Nicht morgen. Die Devise lautet:

Großzügigkeit zeigen in Kleinigkeiten

Wir haben für schwierige Servicesituationen ein SOS-Formular entwickelt. Hier dokumentiert jeder Mitarbeiter, wie er seine Servicekatastrophen in den Griff bekommen hat.

PRAXISTIPP

Wagen Sie einen Testlauf in Ihrem eigenen Unternehmen. Folgende Fragen eignen sich für das Formular:

- SOS: Was genau ist passiert?

- Was haben Sie unternommen, um den Kunden wieder zufriedenzustellen?

- Was kann noch getan werden, um den Kunden zu begeistern?

Diese Fragen sind auch für das Controlling wichtig. Es muss schließlich wissen, wohin das SOS-Budget fließt, damit das ganze Unternehmen aus solchen Fällen lernen kann. Das ist die bürokratische Seite. Als begeisterte Verfechter von Excellence schauen wir auch auf die psychologische Seite: Wie fühlte sich der Kunde bei seiner

Reklamation? War er stinksauer? Oder verständnisvoll? Und wie ging es ihm nach der SOS-Aktion? Aus der Beschreibung des Vorfalls und der Dokumentation der unternommenen Intervention lässt sich ablesen, was noch getan werden muss. Und es zeigt sich, was Unternehmen grundsätzlich tun können, damit derartige Zwischenfälle nicht mehr vorkommen.

Wichtig: Mitarbeiter werden für ihre SOS-Einsätze grundsätzlich gelobt. Nur so funktioniert das Tool. »Wirklich?«, fragen Sie? »Ist es nicht etwas übertrieben, einen Mitarbeiter zu loben, dessen Kunde vor Wut an die Decke gegangen ist? Und sind 1.000 Euro nicht ein bisschen zu hoch gegriffen?« Unsere Erfahrung zeigt: Die Summe wird niemals ausgenutzt. Sie können es sich leisten, hin und wieder eine kleine Aufmerksamkeit zu spendieren – oder mehr. Verärgerte Kunden aber können Sie sich nicht leisten.

Entscheidend ist: Ein Tag ohne SOS ist nicht einfach ein Tag ohne Fehler. Es ist ein Tag, an dem ein Fehler nicht dokumentiert wurde. Oder aber es ist ein Tag ohne SOS dank früherer Fehler.

Wer keine Fehler macht, kann auch nicht besser werden.

Sahnehäubchen-Budget

Das SOS-Budget kann natürlich auch für etwas anderes als für die Beseitigung von Katastrophen eingesetzt werden. Viele Führungskräfte unterschätzen die nachhaltige Wirkung von persönlichen Aufmerksamkeiten.

In einem meiner Hotels logierte regelmäßig eine sehr gut situierte, arabische Großfamilie, um sich einige Wochen intensiv dem Reitsport zu widmen. Die Ausstattung der jungen Prinzen war über alle Maßen prachtvoll. Umso größer die Trauer, als eines Tages am maßgeschneiderten Outfit eines Prinzen ein Goldknopf fehlte. Verloren! Die Leiterin unserer Bar hatte den Verlust bemerkt und sich vorgenommen, den Prinzen zu überraschen. Sie telefonierte um den halben Erdball, bis sie endlich den Hersteller der echten, goldenen Knöpfe in einem Atelier in der *Savile Row* in London aufstöberte. Mit ihrem freien Budget bestellte sie einen Ersatzknopf, ließ diesen so schnell wie möglich einfliegen und nähte das Goldstück eigenhändig in einer Nacht- und Nebelaktion an. Sie können sich nicht vorstellen, wie der Prinz auf dieses kleine Wunder reagierte: Er war außer sich vor Freude. »Herr Rath«, sagte er, »reservieren Sie für unsere Familie im nächsten Jahr bitte wieder Zimmer. Und zwar 17.« Ich fühlte mich mehr als bestätigt: 17 Zimmer für einen Extraknopf. Service-Excellence rechnet sich!

Oft unterschätzt: Junge Kunden haben vielleicht erst einmal weniger Geld in der Tasche – aber auch diese jungen Kunden werden einmal älter, machen Karriere und vergessen es häufig nicht, wenn man ihnen einmal aus der Patsche geholfen hat. Zum Beispiel Nikolas aus dem RichtigRichtig-Team:

»Im Sommer nahm ich mit meinem Ruderteam an der Regatta *Jugend trainiert für Olympia* in Essen am Baldeneysee teil. Mein Freund und ich reisten mit der Bahn an, weil der Teambus schon voll war. Leider gab es nach der Hälfte der Bahnstrecke eine Vollsperrung und wir mussten aussteigen. Da wir pünktlich zum Start anwesend sein mussten, nahmen wir notgedrungen ein Taxi, mit dem Wissen, dass es teuer wird. Der Taxifahrer nannte uns einen Preis von circa 50 Euro, als wir vorsichtig nachfragten. Wir stiegen also ein und merkten schnell, dass die 50 Euro weitaus schneller erreicht würden als angekündigt. Als der Taxifahrer

> unseren besorgten Blick sah, reagierte er sofort, schaltete das Taxameter aus und sagte: >Ich habe euch gesagt 50 Euro, dabei bleibt es auch, macht euch keine Sorgen.<«

Was glauben Sie, welches Taxiunternehmen die jungen Ruderer das nächste Mal anrufen?

Worauf es ankommt

1. Vertrauen in Manager und Mitarbeiter führt zu mehr **Verstand** im Arbeitsalltag.

2. **Engagement** ist eine Konsequenz der Freiheitserfahrung.

3. Freiheit ermöglicht **schnelles** und effektives Arbeiten. Stichwort *first contact resolution.*

4. **Zeitpläne** werden schnell starr und ineffektiv. Freie Zeiteinteilung kann zu besseren Ergebnissen führen.

5. Dröge **Arbeitsorte**, die von den Mitarbeitern nicht verlassen werden dürfen, sind Kreativitätskiller.

6. Der freie Zugriff auf **Zahlen** ermöglicht einen intelligenteren Umgang mit Ressourcen.

7. Ein **SOS-Budget** ermöglicht exzellente Kundenüberraschung. Vor allem im Krisenfall.

8. Eine **Dokumentation** der SOS-Fälle ermöglicht dem Controlling Transparenz und ermöglicht eine kontinuierliche Verbesserung der internen Prozesse.

9. Kleine **Geschenke** erhalten die Kundenfreundschaft. Mitarbeiter brauchen ein entsprechendes Budget.

10. Den Mitarbeitern mehr Freiheit zu geben heißt für die Führung, auch dafür die **Verantwortung** zu tragen.

Wachstum:
Leistung messen statt nur auf Erfolg hoffen

Die besten Service-Unternehmen wissen, dass sie gut sind. Aber sie ruhen sich niemals auf ihren Lorbeeren aus. Stattdessen machen sie ihre Excellence messbar. Denn alles, was gemessen wird, kann verbessert werden – allerdings auch nur das, *was* gemessen wird. Was auch heißt: Wenn ich etwas Falsches messe, wird das Falsche verbessert … Exzellente Unternehmen nutzen täglich ihre Möglichkeiten, sich zu verbessern, auch wenn sie an der Spitze stehen. Irgendwo findet sich immer noch etwas, das sich verbessern lässt.

Warum aber haben wir dieses Kapitel nicht »Erfolge messen« genannt, sondern »Wachstum«? Das ist der Grund: Erfolgsmessungen sind existenziell wichtig. Aber sie sind kein Selbstzweck. Kein *l'art pour l'art* – auch wenn das in einigen Controlling-Abteilungen so praktiziert wird. Messung macht nur Sinn, wenn das Richtige *richtig* gemessen wird. Und wenn diese relevanten Messergebnisse dazu genutzt werden, um Qualität und Quantität zu fördern. Excellence. Nur darum geht es.

> **Wir sind heute besser als gestern und morgen besser als heute.**

Dieses Kapitel zeigt Ihnen die positiven Effekte von Leistungsmessungen – und die Grenzen der Messbarkeit. Wenn Sie selbst nach sinnvollen Messpunkten suchen, finden Sie hier einige Ansatzpunkte: von Empathie bis Loyalität.

Wer besser sein will, muss sich messen lassen

Doch was heißt das eigentlich: besser? Viele Unternehmen wissen es nicht, weil sie ihren Status quo gar nicht kennen. In unserer *Service-Excellence-Studie 2013* (zu bestellen unter www.richtigrichtig. com) haben wir gemeinsam mit dem Beratungsunternehmen Kienbaum festgestellt, dass rund 22 Prozent der Firmen der eigene Umsatz aus Produkt-Plus-Leistungen unklar ist. Jede fünfte Firma weiß zwar, was sie mit dem Verkauf ihrer Produkte und Dienstleistungen verdient. Sie weiß aber nicht, was Kundenbegeisterung rund um diese Produkte und Dienstleistungen einbringt. Das geht soweit, dass etliche Unternehmen derartige Leistungen vergessen zu berechnen. Wie sieht es in Ihrem Unternehmen aus? Messen Sie, wie gut Sie wirklich sind? Wissen Sie, wie viel Sie mit Kundenbegeisterung verdienen? Und wie viel mehr Sie verdienen könnten?

> **Die Spa-Treatments** waren in einem Grand Hotel ständig ausgebucht. Massage, Kosmetik – es gab kaum eine Chance für Gäste, spontan noch einen Termin zu ergattern. Erstaunlich: Die

Zahlen sahen in dieser Abteilung nicht überzeugend aus. Was war da los? Die Treatment-Pläne richteten sich nach der Work-Life-Balance der Wellnessmitarbeiter. Sie gingen damit leider komplett am Bedürfnis der Kunden vorbei. Welcher Geschäftsreisende hat um 14 Uhr Zeit für eine Fußmassage? Das Hotel stellte das System um: Alle Gäste wurden vor ihrer Anreise kontaktiert und nach ihren Wünschen gefragt. Auf Grundlage dieser Vorabbuchungen wurden anschließend die Dienstpläne geschrieben. Ergebnis: bessere Auslastung, mehr Umsatz. Messbar.

Gefühltes Wissen

Oft ist die Auseinandersetzung mit konkreten Zahlen eher unbeliebt. Wer steigt schon gerne auf die Personenwaage? Wer lässt sich gerne von einem Ergometer haarklein anzeigen, wie fit er wirklich ist? Lieber verlassen wir uns auf unser gefühltes Wissen. Wir fühlen uns einigermaßen schlank, fit und gesund. Das muss reichen. Vor allem dann, wenn wir ohnehin schon ein schlechtes Gewissen haben.

Weil die meisten von uns nicht als Profisportler unterwegs sind, reicht das auch. Für Unternehmen mit höchsten Ansprüchen an die eigene Servicequalität reicht das Verharren im *Man-müsste-mal*-Status aber nicht. Also: Sie tun sich selbst einen Gefallen, die rosarote Optimistenbrille abzusetzen und Ihre Kunden zu fragen: Was ist für Sie tatsächlich relevant? Was ist für Sie wirklich exzellent?

Dass sich hier leider viel zu viele etwas vormachen, zeigt eine Umfrage der Managementberatung Bain & Co. bei 362 Firmen. 80 Prozent dieser Firmen hatten den Eindruck, ihren Kunden eine »exzellente Erfahrung«[50] geliefert zu haben. Die Rückfrage bei den Kunden ergab allerdings ein anderes Bild: Nur acht Prozent bestätigten die

Selbsteinschätzung der Firmen, alle anderen hatten subjektiv keine »exzellente Erfahrung«.

Das heißt: Ob Sie Spitzenleistungen erreichen, das entscheiden nicht Sie selbst, nicht Ihre Führungskräfte und auch nicht Ihre Controlling-Abteilung. Sondern einzig und allein Ihre Kunden. Qualität findet im Kundenkopf statt. Genau das ist die Differenz zwischen Kundenversprechen und Kundenwahrnehmung. Wenn Sie also wissen wollen, wie gut Sie sind, dann fragen Sie Ihre Kunden.

Grenzen der Messbarkeit

»So einfach ist das aber nicht!«, finden Sie? »Kunden mäkeln sowieso, ganz gleich was wir tun!« Und: »Keine Führungskraft gibt in einer Umfrage offen zu, dass sie Mist baut – das ist doch auch klar!« Ja, stimmt. Keine Studie bringt so etwas wie die »reine Wahrheit« ans Licht. Und auch keine Kennzahlenmessung. Aus folgenden Gründen:

Verschobene Selbstbilder: Das, was die Menschen sagen und das, was sie wirklich tun, kann sich sehr voneinander unterscheiden. Vor allem, wenn es um die eigene Performance geht (Legendär dazu sind Umfragen zum Thema »Wie oft haben Sie Sex?« Aber dies nur am Rande …).

Verzerrte Ergebnisse: Viele Unternehmen starten nur deshalb Umfragen, um sich in guten Ergebnissen zu sonnen. Ganz gleich, ob die Fragen sinnvoll gestellt wurden oder nicht. Und ganz gleich, ob die guten Ergebnisse überhaupt relevant sind. Denn sagt eine hohe Kundenzufriedenheit, dass der Kunde automatisch bleibt? Nein!

Vermessener Unfug: Etliche Zusammenhänge in Unternehmen lassen sich mit *quantitativen Methoden* gar nicht messen. Wenn Sie zum Beispiel hundert Kunden fragen: »Hat Ihnen der Kaffee geschmeckt?«, dann bejahen das vielleicht 82. Und was machen Sie jetzt mit dieser Zahl? Kochen Sie von jetzt an Kaffee, der 18 Prozent besser schmeckt? Unsinn! Sie kommen mit *qualitativer Forschung* viel weiter. Leider ist es viel aufwendiger, Fragen nach der persönlichen Bedeutung und individuellen Geschichte des Kaffeegenusses zu stellen und auszuwerten. Die Ergebnisse sind auch nicht so schön plakativ. Deshalb werden qualitative Erhebungen so selten gemacht.

Wie Sie die richtigen Messpunkte finden

Quantitative Forschung bringt ein ganz großes Problem mit sich: Mit Ihrer Messung setzen Sie gewissermaßen ein Skalpell in die komplexen Zusammenhänge. Sie schneiden einen winzigen Aspekt heraus und legen diesen auf die Goldwaage. Damit werten Sie andere Aspekte ab oder betrachten die falschen. In der Folge kümmert sich dann auch niemand mehr um das, was *nicht* gemessen wird. So kann mit einer einzigen Messung ein gut funktionierendes System an die Wand gefahren werden. Dazu zwei Beispiele:

Ein Supermarkt berechnete den Umsatz jedes einzelnen Produktes und suchte so die Regale nach Ladenhütern ab, um diese durch »Schnelldreher« zu ersetzen. Produkte wie ein superaltmodischer »Ersatzkaffee« aus Getreide wurden ausgelistet. Das Ergebnis: Der Umsatz insgesamt brach ein. Warum? Es gab offenbar etliche ältere Kunden, die ihre kompletten Einkäufe nur deshalb in diesem Supermarkt erledigten, weil sie dort auch ihren Ersatzkaffee bekamen. Nach der Auslistung hatten sie ihren Einkauf in einen günstigeren Markt verlagert.

Ein IT-Unternehmen wertete die Dauer der Beratungsgespräche in seinem Callcenter aus. Erstaunliches Ergebnis: Die

Gespräche dauerten ganz unterschiedlich lang! Um dem Wild-
wuchs Einhalt zu gebieten, wurden anschließend verbindli-
che Vorgaben zur Gesprächsdauer gemacht. Das Ergebnis: Die
Servicequalität stürzte ab und die Zufriedenheit der Mitarbeiter
mit ihrer eigenen Leistung auch. Kein Wunder: Die Dauer eines
Gesprächs hat naturgemäß nicht direkt etwas mit seiner Qualität zu tun.

Das heißt für Sie: Analysieren Sie immer das System als Ganzes, niemals nur einzelne Messpunkte. Und wenn Sie sich schon Messpunkte aussuchen: Suchen Sie nach den richtigen Kriterien und nach den
richtigen Messmethoden! Warum das so wichtig ist, zeigt der Vergleich mit den Methoden der Polizei. Wer falsche Fragen stellt und
somit falsche Indizien sammelt, findet niemals den richtigen Täter!

Was passiert, wenn Sie messen

Im Sport zeigt es sich besonders deutlich: Wo nur das Tempo gemessen wird, optimieren Spitzensportler sich selbst und ihre Aus-
rüstung gnadenlos in diese Richtung. Ganz gleich, wie eigenartig das
aussieht. Beispiel: Eisschnelllauf. Sobald aber der Stil einer Disziplin zum zentralen Kriterium der Messungen erhoben wird, optimieren die Athleten ihre Kunst in diese Richtung. Beispiel: Eiskunstlauf.

Das heißt: Überall dort, wo Sie eine Messlatte anlegen, verändern Sie den Fokus und das Verhalten der vermessenen Menschen.
Schlimmstenfalls schalten die menschlichen Objekte ihrer Untersu-
chungen ihren gesunden Menschenverstand aus, ihren Blick auf das
Ganze ab und starren auf die zu erreichenden Zahlenwerte wie das
Kaninchen auf die Schlange. Denken Sie nur an das Stichwort »Um-
satzvorgaben« – schon fallen Ihnen viele Beispiele aus Ihrem eigenen Umfeld ein.

Hier zwei weitere Gedankenexperimente zu diesem Thema, um die Tragweite einer nicht zu Ende gedachten Fragestellung noch deutlicher zu machen: Stellen Sie sich vor, Krankenhäuser beziehen den Punkt »Mortalitätsrate« in ihr Qualitätsmanagement ein. Das heißt: Sie messen, wie viele Patienten in welchem Zeitraum versterben. Was passiert? Damit möglichst wenige Patienten unter der Rubrik »verstorben« auftauchen, werden solche Kliniken nach Möglichkeit nur noch wenige sehr alte und sehr kranke Menschen aufnehmen. Sie sehen gleich: Das ist problematisch.

Zweitens: Was passiert, wenn die Qualität von Schulen nach dem Notendurchschnitt der dort abgelegten Abschlussprüfungen beurteilt wird? Richtig: Es werden schlicht und ergreifend bessere Noten vergeben. Ganz gleich, wie miserabel der Unterricht tatsächlich ist.

Was bringt uns das? Richtig: Nicht Excellence, sondern Irrsinn.

Menschen recken sich tendenziell nach der Messlatte – egal, wo sie liegt. Das macht ein Unternehmen, überspitzt gesagt, dumm. Excellence erreichen Sie nur, wenn Sie komplexe Zusammenhänge erfassen, und zwar auch solche, die sich nicht so einfach messen lassen.

Youngme Moon, Professorin an der Harvard-Business-School und Autorin von *Different – Escaping the Competitive Herd* empfiehlt deshalb, gelegentlich komplett auf Messlatten zu verzichten. Ihre Erfahrung: Wenn sie ihren Studenten vor jedem Projekt exakt sagt, wie die Ergebnisse gemessen werden, bekommt sie solide Ergebnisse. Gut, aber langweilig. Wenn Sie aber keine *project benchmarks* ausgibt und nur ihre sehr hohen Erwartungen an die Studenten unterstreicht, passiert Folgendes: Anfangs sind viele Studenten unsicher und brauchen mehr Coaching. Zum Schluss verfehlen wenige das Ziel, viele erreichen eine sehr gute Qualität und mindestens ein bis zwei Projekte zielen verblüffend weit über das hinaus, was die Professorin ihren Studenten zugetraut hatte.[51]

Fazit: Messungen messen nicht nur die Realität. Sie verändern sie nachhaltig. Sie tun also gut daran, mit diesem Instrument sehr bedacht umzugehen. Und die Messlatten so anzulegen, dass Sie Möglichkeiten öffnen und nicht verschließen.

So messen Sie das Richtige richtig

Wie finden Sie nun heraus, was Sie messen sollten, um den Fokus Ihrer Mitarbeiter auf das Richtige zu richten – und so Ihre Kunden zu begeistern? Erstens: Indem Sie sich von dem einseitigen Fokus auf Quantität verabschieden. Gerade bei Service zählen nicht die Minuten, sondern die Qualität der Begegnung. Stellen Sie also immer beides auf den Prüfstand: Qualität und Quantität. Und, zweitens: Indem Sie sich nicht an dem orientieren, was Ihnen Marktforschungsunternehmen standardmäßig anbieten, sondern radikal an Ihrem eigenen Fall. Es bieten sich folgende Themen zur Kennzahlenmessung an:

➤ **Begegnungsqualität**, zum Beispiel über die Auswertung von Mystery Shopping oder Empathy Checks

➤ **Kundenloyalität**, zum Beispiel über Umsatz pro Kunde, Wiederkaufquote, Empfehlungen

➤ **Kundenzufriedenheit**, zum Beispiel über die Auswertung von Kundenkommentaren in Onlineshops oder auf Social-Media-Plattformen, Reklamationsquote, Befragungen

➤ **Kundenkontakte**, zum Beispiel über die Zahl und die Qualität der exzellent gestalteten Kundenkontaktpunkte

➤ **Mitarbeiterloyalität**, zum Beispiel über Fluktuationsquote, Empfehlung Ihres Unternehmens als Arbeitgeber

➤ **Mitarbeiterzufriedenheit**, zum Beispiel über Mitarbeiterumfragen zur Ausstattung der Arbeitsplätze oder zur Führungsqualität im Unternehmen, Work-Life-Balance

➤ **Zusammenarbeit**, zum Beispiel über Mitarbeiterbefragungen zur Kooperationsqualität zwischen verschiedenen Abteilungen

➤ **Innovationsquote**, zum Beispiel über Zahl der eingereichten (Service-)Verbesserungsvorschläge oder Patente durch Mitarbeiter

➤ **Fortbildungsquote,** zum Beispiel über die Zahl der von Mitarbeitern besuchten Schulungen innerhalb und außerhalb der Arbeitszeit

➤ **Reklamationsquote**, zum Beispiel über die Zahl und Art der dokumentierten Fälle

➤ **Weiterempfehlungsrate,** zum Beispiel über die Frage an Neukunden, wie diese auf Ihr Unternehmen aufmerksam geworden sind

➤ **Prozessqualität**, zum Beispiel über die Auswertung der Bearbeitungszeit von Reklamationen (Ziel: möglichst schnell) oder über die Auswertung der Zahl der Hierarchieebenen oder Abteilungen, die pro Fall eingeschaltet wurden (Ziel: möglichst wenige)

Die meisten Messungen dieser Punkte können Sie selbst durchführen. Dazu eigenen sich zum Beispiel die im Folgenden dargestellten Methoden.

Besser werden mit dem Weiterempfehlungsindex

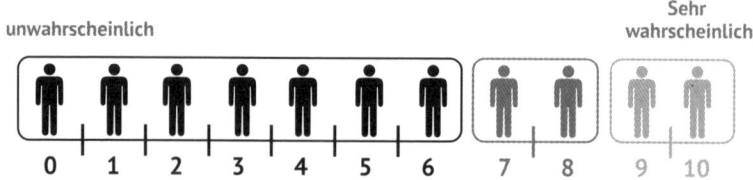

Hier stellen Sie einer ausgewählten Kundengruppe oder, das ist noch besser, jedem Ihrer Kunden die »ultimative Frage«: Würden Sie uns weiterempfehlen? Und: Was können wir an unserer Leistung verbessern, damit Sie uns eine Bewertung geben, die näher an 10 liegt?

Diese Methode heißt Net Promoter Score oder kurz NPS-Index. Der NPS ist eine ganz eigene Methode zur Messung der Weiterempfehlungsquote. Sie kann auch für die Mitarbeiterzufriedenheit eingesetzt werden oder als Stimmungsbarometer. Aber nicht für alles.

Sie geht auf eine Idee von Fred Reichheld und Franz-Josef Seidensticker zurück. Reichheld hat die These aufgestellt, dass die Frage nach der Weiterempfehlung die einzige entscheidende Frage ist, um die Performance zu messen (vgl. *Die ultimative Frage*, Hanser Wirtschaft 2006).

Die Auswertung lässt sich so lesen:

> ➤ 9 bis 10 Punkte: Promotoren

> ➤ 7 bis 8 Punkte: Passiv zufriedene Kunden

> ➤ 0 bis 6 Punkte: Kritiker

Um Ihren eigenen Index zu ermitteln, nehmen Sie aus dem Rücklauf, also den Antworten auf Ihre Befragung, die Zahl der Promotoren in

Prozent. Dann ziehen Sie von dieser Zahl den prozentualen Anteil der Kritiker ab. Zum Beispiel so:

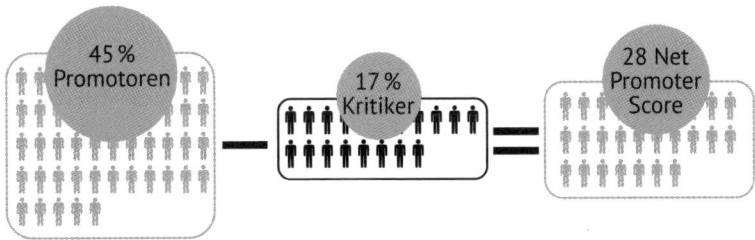

Weil Sie mit Prozentzahlen arbeiten, liegt Ihr Ergebnis theoretisch zwischen plus 100 (in diesem Fall haben Sie 100 Prozent Promotoren und keine Kritiker) und minus 100 (dann hätten Sie 0 Prozent Promotoren und 100 Prozent Kritiker). Beide Werte kommen praktisch nicht vor. Und Topunternehmen erreichen erfahrungsgemäß ein Ergebnis um die 80.

Der Net-Promoter-Score-Index bringt Ihnen gleich mehrere Vorteile:

➤ Er ist sehr leicht durchzuführen.

➤ Die Ergebnisse sind leicht zu verstehen.

➤ Er sagt etwas über die Quantität und die Qualität Ihrer Kundenbeziehungen aus.

➤ Sie können nach einer IST-Analyse einen Zielwert bestimmen und mehrere Stellschrauben im Unternehmen bewegen, um sich diesem Ziel anzunähern.

➤ Sie haben sogar die Möglichkeit, erwünschte NPS-Werte als Zielvereinbarung für Mitarbeiter und Manager zu fixieren.

Empathie lernen mit dem EQ

Neben dem Intelligenzquotienten (IQ) lässt sich auch der Emotionale Quotient (EQ) eines Mitarbeiters messen – und durch gezieltes Training weiterentwickeln.

Das Konzept des EQ wurde bereits 1990 von John D. Mayer (University of New Hampshire) und Peter Salovey (Yale University) eingeführt. Der EQ beschreibt die grundsätzliche Fähigkeit, Gefühle wahrzunehmen, zu verstehen und damit umzugehen – und zwar sowohl mit den eigenen als auch mit denen des Gegenübers. Populär wurde der EQ durch das gleichnamige Buch des US-amerikanischen Journalisten Daniel Goleman im Jahr 1995.

In allen Branchen mit intensivem Mitarbeiter-Kunden-Kontakt werden gute Ergebnisse erzielt, wenn Mitarbeiter lernen, eigene starke Gefühle wie Wut, Angst, Ärger und Trauer, aber auch Aufregung und Begeisterung zu kontrollieren – damit Kundenbegeisterung weder an schlechter noch an überdrehter Laune scheitert. Es gibt bessere Ergebnisse, wenn Mitarbeiter gezielt ihre Empathiefähigkeit steigern – denn mit Scheuklappen und Stumpfsinn kann eine exzellente Begegnungsqualität nicht aufblühen.

iFeedback gibt den schnellen Durchblick

Das Unternehmen iFeedback (www.ifbck.com/site/de/) ermöglicht das Abfragen von Lob, Kritik oder Anregungen in Echtzeit, sodass Unternehmen direkt auf Kundenfeedback reagieren können. Auch Echtzeitstimmungsbarometer sind möglich.

Das System ist denkbar einfach: Über eine spezielle Applikation in ausliegenden Touchpads via eigenen elektronischen Geräten können Kunden Fragen beantworten, die durch iFeedback direkt und systematisch ausgewertet werden.

So lässt sich die Performance einzelner Standorte sehr schnell und sehr einfach messen und verbessern. Langfristig lassen sich sogar Marketing- und Kundenbindungsmaßnahmen integrieren. Kleine Mängel können sehr schnell behoben werden. »Hier gibt es zu wenig Kleiderbügel«, tippt zum Beispiel ein Gast über iFeedback ein. Ist das System gut implementiert, klopft schon Sekunden später ein Mitarbeiter mit einem Arm voll Kleiderbügel an. Das ist ein *Wow*!

Messbar loyale Kunden

Niemand stellt sich gerne einem mittelmäßigen Kundenzufriedenheitsindex. Daher verlassen sich die meisten Unternehmer auf die subjektiven Einschätzungen ihrer Verkäufer und verzichten großzügig darauf, regelmäßige Kundenzufriedenheitsbefragungen durchzuführen oder gar Reklamationen systematisch auszuwerten. Mancher Unternehmer geht sogar nach dem Prinzip vor: Wir machen es dem Kunden so schwer, zu reklamieren, dass die Zahl der Reklamationen über diesen Weg gedrückt wird. Klar: Mit zufriedenen Kunden hat das herzlich wenig zu tun.

Solange die Geschäfte gut laufen, ist die Notwendigkeit für diese Mühe scheinbar auch gar nicht gegeben. Was aber, wenn es nicht mehr so gut läuft? Dann gehen die Kunden zur Konkurrenz – und Sie wissen nicht einmal, warum sie das tun.

Machen Sie sich deshalb intelligente, konsistente, logische, kurz: richtige Erfolgsmessungen aller Art zur Gewohnheit. Aber behalten Sie dabei immer auch einen gesunden Abstand zur Magie der Zahlen und einen sehr kritischen Blick auf die Risiken und Nebenwirkungen Ihrer Messungen. Das, was Ihre Programme ausspucken, ist niemals objektiv – sondern immer nur eine begrenzte, mathematische Perspektive auf das Große und Ganze. Sie kennen es aus Ihrem Alltag: Das Ergebnis auf Ihrer Personenwaage kann Ihnen weder anzeigen noch garantieren, dass Sie erfolgreich sind. Oder sogar glücklich. Die Antworten auf derartige Fragen sind naturgemäß immer ein wenig komplexer als nur eine einzige Zahl.

Worauf es ankommt

1. **Wachstum** braucht einen Maßstab. Messen hilft.

2. **Selbsteinschätzungen** liefern oft falsche Ergebnisse. Objektivität schafft Klarheit.

3. **Quantitative** Methoden bringen eine Menge Zahlen. Leider führt die Auswertung von vielen Zahlen nicht zum Ziel, wenn sich die gesuchten Zusammenhänge nicht durch Zahlen abbilden lassen.

4. **Qualitative** Methoden führen in derartigen Fällen weiter. Leider sind diese Methoden aufwendiger.

5. **Messungen verändern** das, was Sie messen.

6. Mit dem **Weiterempfehlungsindex** bekommen Sie einen klaren Blick auf Ihre Leistungsfähigkeit aus Kundensicht.

7. Der **EQ** hilft, die Empathiefähigkeit der Mitarbeiter zu messen und weiterzuentwickeln.

8. **iFeedback** macht Echtzeitmessungen möglich.

9. Messungen liefern ein mathematisches Bild Ihres Unternehmens. Also nur einen kleinen Ausschnitt. Zahlen können Ihnen wichtige **Anhaltspunkte** geben.

10. Entscheidend aber ist und bleibt das *big picture*.

Partizipation:
Andere Ideen zulassen statt nur die eigenen

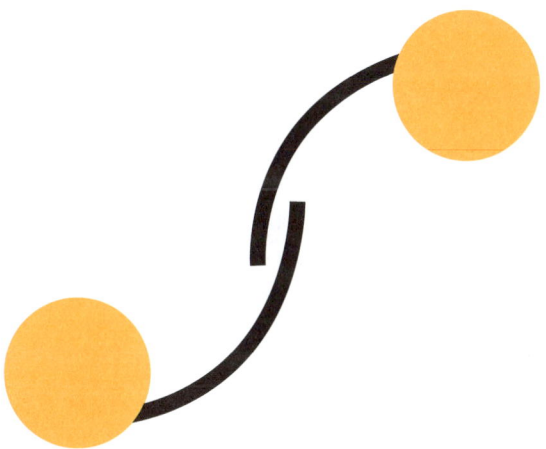

Mitarbeiter wünschen sich manchmal einen Superhelden als Chef, der immer ganz genau weiß, was als Nächstes zu tun ist. Und, unter uns: Wir alle kennen doch auch Chefs, die gerne den Superhelden mimen. Den Alleswisser. Das führt nicht weit. Denn die besten Ergebnisse entstehen, wenn viele kluge Köpfe zusammenarbeiten. Wobei mit klugen Köpfen durchaus nicht nur die Führungsebenen gemeint sind, sondern auch die Mitarbeiter an der Basis – und zunehmend mehr die Kunden!

Jeder Gedanke eines Mitarbeiters ist es wert, zu Ende gedacht zu werden.

Grund genug, in diesem Kapitel einen genaueren Blick darauf zu werfen, warum beim Thema Partizipation sich so vielen Unternehmern die Nackenhaare aufstellen und zu untersuchen, wie Sie Partizipation nutzen können, um Ihre Kunden endlich zu begeistern.

Warum Partizipation so viele Nerven kostet

Beim Thema Partizipation erleben wir viel Kopfschütteln. Eine Führungskraft, die wir beraten, verhielt sich lange nach dem Motto: »Schön, liebe Mitarbeiter, danke für Ihre Meinung! Gut, dass Sie auch eine haben. Jetzt sage ich Ihnen, wo es wirklich langgeht.« In unseren Seminaren hören wir: »Ich habe nicht die Zeit, auch noch Lieschen Müller nach ihrer Meinung zu fragen, wenn etwas schnell zu entscheiden ist.« Oder: »Warum soll ich meine Mitarbeiter über meine Strategie entscheiden lassen – es ist doch schließlich mein Unternehmen!« Stimmt ja auch alles.

Von der guten Ideen zum totalen Chaos

Gemeinsame Abstimmungsprozesse dauern immer länger als ein Machtwort. Muss eine Krise bewältigt werden, hilft eine »starke Hand« manchmal mehr als die »Intelligenz der vielen«. Das heißt aber nicht, dass Sie diese Intelligenz *immer* ignorieren sollten.

Wenn es um viel *Geld* und/oder ein *hohes Risiko* geht, wird ein Unternehmer seine Entscheidungen wohl kaum blind an die Basis delegieren. Schließlich ist er es, der im Ernstfall seinen Kopf hinhalten muss. Das heißt aber nicht, dass er *alles* im Alleingang entscheiden sollte.

Manchmal ist Partizipation sogar kontraproduktiv. Zum Beispiel, wenn die Befragten nicht um die beste Lösung ringen, sondern sich mit irgendeinem Aspekt des Themas selbst profilieren wollen – ganz gleich, ob dieser Aspekt relevant ist oder nicht.

Wenn alle im Sinne des Kunden denken, kann mit Partizipation Großes erreicht werden. Ganz einfach deshalb, weil Mitarbeiter in der Regel einen engeren Draht zum Kunden haben als der Chef.

Ein Machtwort kann vieles zerstören

Wussten Sie zum Beispiel, dass Microsoft schon 1998 einen E-Reader mit Touchscreen entwickelt hatte, der wohl so etwas war wie ein Vorläufer des Apple iPad? Bill Gates mochte das Ding nicht, das seine Mitarbeiter da erfunden hatten. Es war ihm nicht »microsoftig« genug. Ein Machtwort, und das Projekt war tot. Wir haben so etwas schon einmal selbst erlebt:

Ein Krankenhaus hatte ein Beratungsprojekt bei uns beauftragt. Wir standen vor einer so großen Zahl an Servicebaustellen, dass wir zunächst wenige aussuchten, mit denen sich unserer Vorstellung nach *quick wins* erzielen ließen. Unser erstes Projekt: Namensschilder für alle Ärzte und alle anderen Mitarbeiter – damit überhaupt erkennbar wurde, wer zum Personal gehörte und wer zu den Patienten. Die Fokusgruppe bezog auch den Vorstand und den Betriebsrat ein, weil sie glaubte, Partizipation bringe den Prozess voran. Doch es geschah Folgendes: Vor allem über die Produktion der Schilder – also genau über den Punkt, der für das Thema Service überhaupt nicht relevant war – wurde sehr lange diskutiert. Schließlich erging ein Machtwort, das die Umsetzung des Projekts eineinhalb Jahre nach hinten katapultierte. Richtig quick war das dann nicht mehr.

Partizipation ist auch für die Basis nicht einfach. In vielen Unternehmen behalten Mitarbeiter sogar ihre Ideen lieber für sich, weil sie fürchten, für die in jedem Verbesserungsvorschlag versteckte Kritik an den bestehenden Systemen einen Rüffel zu kassieren.[52] Das ist der Grund, warum eine fehlertolerante Unternehmenskultur so wichtig ist, um Kreativität für Innovationen freizusetzen.

Wie Partizipation gelingt

Wenn es statt um Tempo um die kontinuierliche Verbesserung eines Unternehmens geht, sieht das ganz anders aus. Hier können Mitarbeiter sehr gut ihre Ideen einbringen.

»Schafe statt Mähmaschinen« heißt eine der bekanntesten Geschichten dazu. Zwei Mitarbeiter der *Deutschen Steinkohle AG* hatten die Idee, das Gras auf den riesigen, alten Kohlehalden nicht mehr von einem Profirasenmäher stutzen zu lassen, sondern von Schafen. So sparte das Unternehmen 50.000 Euro. Und beide bekamen eine Prämie von 5.000 Euro.

Regionalzüge sind oft schlecht geheizt. In Doppelstockwagen fabriziert die Klimaanlage sogar regelrechte Stürme. Hinter dieses – intern als nicht lösbar geltende – Problem hat sich Manuela Müller geklemmt. Die Mitarbeiterin der Qualitätsabteilung bei der Südostbayernbahn (SOB) überprüfte eigenhändig die Temperaturschwankungen, telefonierte mit zahlreichen Experten und irgendwann hatte sie den Knoten gelöst: Das Klimaproblem wurde absurderweise durch die zuverlässige Funktionsweise der Klimaanlage ausgelöst. Diese nämlich ist so eingestellt, dass sie sich nach 30 Minuten ohne Stromzufuhr automatisch selbst prüft, und zwar 30 Minuten lang. Nach dem Prüflauf startet die Anlage mit einer Frischluftzufuhr, die zwar die Temperatur faktisch nicht absenkt, durch den starken Luftzug aber einen gefühlten Temperatursturz auslöst. Da eine Unterbrechung der Stromzufuhr bei Zügen völlig normal ist, erlebten die Zuggäste permanent klimatische Wechselbäder. Die Lösung war ganz einfach: »Wir haben die Triebfahrzeugführer angewiesen, den Strom für die Fahrzeuge nicht länger als 30 Minuten abzustellen. Damit hat sich unser Problem wesentlich verbessert. Die Zahl der Kundenbeschwerden ging deutlich zurück«, blickt die Qualitätsexpertin zufrieden zurück.

Bei diesen Geschichten entstehen schöne Bilder im Kopf: grüne Wiesen, warme Züge. Sehen Sie das auch? Die Früchte des »betrieblichen Vorschlagwesens« (ein schreckliches Wort für eine wunderbare Einrichtung, finden wir …) sehen in der Realität natürlich ganz anders aus. Da wird hier eine Schraube ausgetauscht, da eine Programmzeile geändert und dort ein Prozessablauf automatisiert – Vorgänge, die der Otto Normalverbraucher nicht sieht und sich auch nicht vorstellen kann, die er aber spürt – jeden Tag, wenn die Dinge so perfekt laufen, dass er begeistert ist.

Gutes Ideenmanagement zahlt sich aus

Hierzulande könnten Unternehmen insgesamt einen zweistelligen Milliardenbetrag pro Jahr sparen, wenn sie die Vorschläge ihrer Mitarbeiter erstens ernst nehmen und zweitens auch umsetzen – das zeigen die regelmäßigen Umfragen des Deutschen Instituts für Betriebswirtschaft (dib) in Frankfurt am Main. In größeren Konzernen werden mehrere Zehntausend Ideen pro Jahr eingereicht. Laut dib gingen im Jahr 2014 insgesamt 872.000 Ideen bei den befragten Unternehmen ein. Diese honorierten gute Ideen mit Prämien von 69 Millionen Euro (30 Millionen davon in der Automobilindustrie!) – was nicht viel ist, wenn man sich das Einsparpotenzial bei nur drei Unternehmen ansieht:

➤ Robert Bosch: 285,7 Millionen Euro

➤ Deutsche Telekom: 83,5 Millionen Euro

➤ AUDI: 75,7 Millionen Euro

➤ Daimler: 73,3 Millionen Euro

➤ RWE: 48,6 Millionen Euro

➤ BASF: 35,5 Millionen Euro

➤ Continental: 34,4 Millionen Euro

➤ BMW: 21,6 Millionen Euro

➤ DB Fahrzeuginstandhaltung: 21,3 Millionen Euro

Wie aber lassen sich die vielen, sehr guten Ideen der Mitarbeiter »heben«? Dazu wurden schon so viele Methoden entwickelt, dass wir Ihnen an dieser Stelle nur eine Auswahl derjenigen vorstellen, mit denen wir selbst erfolgreich arbeiten.

Aufschreiben, bitte!

Die einfachste Methode lautet: dokumentieren. Sobald Ihre Mitarbeiter ihr Wissen in intelligente Systeme einspeisen und in Umlauf bringen, können Sie damit weiterarbeiten. Das ist wirklich denkbar einfach – aber die Erfahrung zeigt, dass das meiste und wichtigste Wissen Ihrer Mitarbeiter in deren Köpfen steckt und nirgendwo nachzulesen ist.

Wir arbeiten mit einem Formblatt, auf dem jeder Mitarbeiter notieren kann, welcher Mangel oder welche Herausforderung ihm aufgefallen ist, wie oft sie vorkommt, wer davon betroffen ist. Und was er vorschlägt, um in Zukunft besser mit dieser Situation umzugehen. Größere Unternehmen haben hier selbstverständlich intelligente elektronische Systeme entwickelt.

PRAXISTIPP

Zugegeben: Das klingt zunächst sehr bürokratisch. Wenn Sie die Ideen der Mitarbeiter wirklich willkommen heißen und die besten Ergebnisse hervorheben und kommunizieren, wird das Tool aber gerne angenommen. Folgende Punkte können Sie abfragen:

– Welches Problem haben Sie gelöst?

– Wie häufig kommt diese Situation vor?

– Welche Lösung schlagen Sie vor, damit das Problem in Zukunft nicht mehr auftritt?

Mehr Zeit für Ideen

Oft haben Ihre Mitarbeiter die verrücktesten Innovationen im Kopf – aber einfach keine Zeit, sich intensiv damit zu befassen. Deshalb hatte zum Beispiel Google die *20-Prozent-Zeit* eingeführt. Sollte heißen: Jeder Mitarbeiter durfte 20 Prozent seiner Arbeitszeit dazu nutzen, sich um eigene Projekte zu kümmern. Aus diesem auch von anderen Unternehmen kopierten Modell sind offenbar Dienste wie Gmail, Google News oder Google Maps entstanden, die dem Unternehmen Milliarden an Umsätzen gebracht haben. Klingt super, nicht wahr?

So rosarot sieht es in der Realität heute nicht mehr aus. Wie aus dem Unternehmen zu hören ist, verlangte Google trotz der *20-Prozent-Zeit* schnell wieder 100 Prozent Leistung von seinen Mitarbeitern. *Plus* Innovationen. »Die 20-Prozent-Zeit einfach *120-Prozent-Zeit* zu nennen, wäre angemessen«, hieß es daher in Insider-Kreisen.[53] Branchenberichten zufolge kommt die 20-Prozent-Regel seit 2013 praktisch nicht mehr zur Anwendung. Und seit dem Umbau des Konzerns in Richtung »Alphabet« ist von diesem Programm gar nichts mehr zu hören.[54]

Das ist unverständlich, wenn man sich anschaut, wie sehr das Unternehmen von den entwickelten Ideen heute profitiert. Wie viel Zeit haben Ihre Mitarbeiter?

Duale Systeme: Viele Köche machen den Brei erst richtig gut

Ich habe als Führungskraft immer wieder gute Erfahrungen gemacht, wenn ich mir mit einigen Mitarbeitern trotz aller Hektik im Arbeitsalltag Zeit genommen habe, um Probleme in allen Details zu analysieren.

»Your roomservice sucks, Mr. Rath!« – das sagte mir einmal ein sehr guter, langjähriger Stammkunde in London ins Gesicht, als ich ihn ganz im Vertrauen nach seiner persönlichen Einschätzung unseres Hotels bat. Schockiert fragte ich weiter und erfuhr etwas, das für mich völlig neu war: Bestellte man bei unserem Zimmerservice zum Beispiel einen Tee, so war die Auskunft stets: »In twenty minutes, Sir!« Tatsächlich traf die Bestellung aber immer erst nach rund 40 Minuten ein. Das ist für jeden Gast ein Ärgernis. Für einen britischen, adeligen Gentleman mit festen Teezeiten ist es eine Katastrophe. Und für mich als Chef eines Luxushotels mit nur 60 Zimmern war dieses kleine Problem ein großes Rätsel.

Jetzt hatte ich zwei Möglichkeiten: Ich konnte den Verantwortlichen für die Zimmerserviceorganisation einfach zusammenstauchen und darauf wetten, dass dieser die Aggression ungefiltert an die bedauernswerte Person auf der nächst tieferen Hierarchieebene weitergibt, jene den jüngsten Kellner wegen Unfähigkeit feuert und der Zimmerservice anschließend auch nicht schneller arbeitet. Oder: Ich konnte der Sache auf den Grund gehen.

Ich rief also die wichtigsten Personen zusammen – und zwar aus allen Bereichen. Auch ein Kellner und die Hausdame waren dabei. »Warum dauert es so lange, dem Gast einen Tee in seinem Zimmer zu servieren?«, fragte ich also ganz einfach. »Die Aufzüge fahren zu langsam«, antwortete der Kellner. »Das wundert mich. Die Aufzüge fahren in einem ganz normalen Tempo und das Haus ist auch nicht groß. Wie kann es also sein, dass sie die Aufzüge als langsam empfinden?« »Ich blockiere sie«, schaltete sich die Hausdame ein. »Wie bitte?« »Ich muss das tun, um die Wäsche schnell genug zum Abholservice zu bringen. Der Lieferwagen fährt sonst ohne meine Wäsche los.« »Warum kann der Lieferwagen nicht ein paar Minuten auf Sie warten?« »Weil wir so wenig Wäsche haben.« Problem gelöst! Ich gab mehr Budget für Wäsche frei, wir orderten neue Wäscheberge und verschafften so der Hausdame Zeit, auf die Aufzüge zu warten.

Solche erstaunlichen Zusammenhänge tun sich auf, wenn man nicht nach dem Schuldigen (»Wer war das?«) sucht, sondern nach dem Kern eines Problems (»Was genau ist passiert?«). Besser gesagt: nach der Lösung. Und wenn man nach dieser Lösung mit Beteiligten aus möglichst unterschiedlichen Ecken des Unternehmen fahndet.

In unseren Beratungsprojekten etablieren wir *Duale Systeme*. Das heißt: Wir bilden eine *Innovationsgruppe*, die sich aus freiwilligen Vertretern aller relevanten Bereiche und Ebenen zusammensetzt, und in der alle Hierarchien außer Kraft gesetzt sind. Diese Gruppe nimmt Serviceprobleme unter die Lupe und analysiert sie übergreifend. Das heißt, über die Grenzen verschiedener Abteilungen und sogar auch über die Grenzen des Unternehmens selbst hinweg – Richtung Geschäftspartner, Zulieferer, Kunden.

Dazu bestimmen Sie eine *Steuerungsgruppe* aus relevanten Führungs- und Fachkräften, die zügig Entscheidungen treffen kann. Denn gute Ideen allein verändern noch nichts. Es braucht auch einen Hebel, damit die Ideen umgesetzt werden können!

PRAXISTIPP

Wenn sowohl die Innovationsgruppe als auch die Steuerungs- gruppe das »Go!« der Geschäftsleitung haben und jeder Teil- nehmer genug Freiraum bekommt, um sich hier intensiv ein- zubringen, dann werden Serviceprobleme nicht nur überhaupt erstmals erkannt, sondern auch viel schneller und viel besser ge- löst, als wenn nur ein einziger Qualitätsmanager daran laboriert.

Übrigens: Sie können beiden Gruppen auch attraktivere Na- men geben. Wie wär's mit *Innovation Agents*?

Worauf es ankommt

1. Mit **Machtworten** funktioniert Führung schnell. Damit macht sie aber gute Ideen kaputt.

2. Partizipation macht **Mühe**. Natürlich dauert alles länger, wenn viele Mitarbeiter mitreden.

3. Doch die Mühe lohnt sich. Die **Einsparungen** der Unternehmen, die die Ideen ihrer Mitarbeiter umsetzen, sind gigantisch.

4. **Dokumentation** ist der erste Schritt zur Partizipation. Ob Sie mit einem Zettelkasten arbeiten oder mit elektronisch gestützten Feedbacksystemen, ist Ihnen überlassen. Knackpunkt ist die Umsetzung der guten Ideen.

5. Wer Partizipation will, muss Mitarbeitern **Zeit** für Ideen geben.

6. Wer noch mehr Partizipation will, muss Mitarbeiter an den erzielten **Gewinnen** beteiligen.

7. **Innovationsteams** mit Teilnehmern aus unterschiedlichsten Bereichen und Ebenen ermöglichen interdisziplinäres Weiterdenken und Besserwerden.

8. Eine **Steuergruppe** macht aus guten Ideen konkrete Projekte.

9. **Relevante** Ergebnisse erzielen Unternehmen nur, wenn sie narzisstische Profilierungsversuche einzelner Manager und Mitarbeiter konsequent ins Leere laufen lassen.

10. Viele Verbesserungen im **Detail** führen zu Excellence im Ganzen.

Kundenloyalität: Kunden begeistern statt bequatschen

Loyale Kunden sind das Ergebnis vieler Jahre konsequenten Ringens um Spitzenleistung. Die besten Unternehmen haben loyale Kunden, weil sie einerseits zwar wirtschaftlich denken und handeln, andererseits aber außergewöhnlich agieren, wenn es um kleinere und größere Liebesbeweise geht.

> **Exzellenter Service ist eine Garantie für gute Gefühle.**

In diesem Modul der Kundenbegeisterung finden wir heraus, warum Loyalität immer seltener wird. Anschließend schauen wir, was Kunden auch heute noch nachhaltig loyal macht. Es gibt sie ja noch, die treuen Fans. Wenn man Sie denn treu sein lässt!

Warum so viele Kunden nicht mehr loyal sind

Sie sind doch nicht blöd, unsere Kunden. Deshalb funktionieren billige Kundenbindungssysteme auch nicht. Niemand findet es lustig, im Kleingedruckten seiner Telekommunikationsverträge versteckte Ketten zu finden. Kein Kunde hat es wirklich nötig, sich mit Rabattmarken von schlechten Leistungen ablenken zu lassen. Im Gegenteil: Kundenbindungsaktionen haben sich längst zu einem Nervfaktor entwickelt. Beispiel Supermarkt: »Schenken Sie mir bloß keine Aufkleber – das ganze Kinderzimmer ist schon zugepflastert und Töpfe brauche ich auch keine!« Das hören wir an der Kasse. Kundenbegeisterung? So jedenfalls nicht. Echte Loyalität können Sie nicht durch Aufkleber erkaufen und auch nicht durch Verträge erzwingen. Loyalität ist ein großzügiges Geschenk des Kunden an Sie, das er jeden Tag aufkündigen kann.

Mehr Druck, mehr Transparenz

Leider wird dieses Geschenk immer rarer. Denn Kunden sind heute grundsätzlich viel wechselbereiter als noch vor einer Dekade. Befeuert wird diese Entwicklung durch die große Transparenz, die durch das Internet entstanden ist – insbesondere durch das mobile Internet. Jeder Besitzer eines gewöhnlichen Smartphones kann heute vor Ort innerhalb von Sekunden herausfinden, ob es das ersehnte Sofa oder die Reise nach Mallorca woanders günstiger gibt.

Mancherorts wendet sich der Kunde schon gar nicht mehr an einen Anbieter von Produkten oder Dienstleistungen, sondern dreht den Spieß um: Er sagt zum Beispiel auf einer Seite wie Kwizzme.com, was er kaufen will, und lässt sich dann Angebote zuschicken.

Das Gras hinter dem Zaun scheint grüner

Dass Kunden heute weniger loyal sind als je zuvor, ist aber nicht nur ein Effekt des Internets, sondern wird leider von vielen Unternehmen selbst vorangetrieben. Weil so viele Unternehmen so gerne *fremdgehen*. Der Grund ist ganz menschlich: Es scheint viel prickelnder, mit neuen Kunden zu flirten als die Marotten der alten Stammkundschaft zu ertragen. Das ganz Neue, ganz Andere reizt uns. Das Gras hinterm Zaun scheint uns grüner, die Kirschen in Nachbars Garten saftiger, der neue Markt im Ausland verlockender zu sein.

Rational wissen wir zwar: Das ist Unfug! Dennoch wird landauf, landab viel Geld in die Akquise von Neukunden gesteckt und darüber die Stammkundschaft oft vergessen. Laut McKinsey gehen nur magere zwölf Prozent der Vertriebskosten in die Stammkundenpflege, 33 Prozent werden in Werbung investiert und der größte Teil, nämlich 55 Prozent (!), in die Neukundenakquise! Das Beratungsunternehmen Simon-Kucher hat ganz konkret herausgefunden: Energieversorger geben 78 Euro pro Kunde für die Neukundengewinnung aus, aber nur 35 Euro für Kundenbindungsmaßnahmen.[55]

Dabei ist es laut diversen Studien drei Mal wahrscheinlicher, etwas an einen Stammkunden zu verkaufen als an einen Neukunden. Die Kosten für die Anwerbung eines neuen Kunden liegen etwa sechs Mal höher als die Pflege von Stammkunden. Und wenn ein Stammkunde einmal weggegangen ist, dann ist die Wahrscheinlichkeit sehr groß, dass er nicht mehr zurückkommt.

Besinnen Sie sich also auf das, was Sie haben. Auf Ihre treuen, loyalen Kunden!

Tribes statt Marken

Zugegeben: Die durch Social Media ausgelösten massiven Verschie-
bungen der Strukturen machen den Aufbau von Kundenloyalität
nicht gerade einfacher. So zeigen verschiedene Studien, dass sich
insbesondere jüngere Kunden immer weniger für Unternehmen
oder Marken interessieren, dafür zunehmend für gemeinsame Ideen,
Ziele, Interessen und Werte. Sie glauben auch ihren eigenen Freun-
den eher als traditionellen Medien.[56] Der US-amerikanische Unternehmer und Autor Seth Godin beschreibt in *Tribes: We Need You to
Lead Us* das Phänomen, wie sich Anhänger um eine Idee und einen
Themenführer scharen – beziehungsweise um einen Stammesführer-
er. Denn das Wort *tribe* bedeutet so viel wie *Stamm*. Das Gleiche
geschieht in den Unternehmen selbst: Mitarbeiter organisieren sich
über Social Media in parallelen Strukturen und bilden auch hier so
etwas wie unabhängige *tribes*. Die Loyalität zu diesem *tribe* wird für
viele wichtiger als die zu ihrem Arbeitgeber.

Was bieten derartige Stämme mehr als Marken? Wir vermuten:
Sinn – und Zugehörigkeit. Das ist viel mehr, als eine durchschnittliche Firma leistet. Unternehmen wie Apple oder sogar Amazon
haben das verstanden. Sie bieten Zugehörigkeit zu einer weltwei-
ten Community – zu eigenen *tribes*. Apple feiert diese Community
so intensiv, dass sich Kunden mit ihrer Marke sogar an eine eigene
Bar setzen können – die Apple Genius Bar. Amazon schenkt seiner
Community Zugang zu Services, die für seine Kunden besonders relevant sind: eine sichere und pfeilschnelle Lieferung und freien Zugriff auf Filme und Musik zum Beispiel.

Der will doch nur spielen …

Damit hat in den Abteilungen für Betriebswirtschaft wohl niemand
gerechnet: Der durchschnittliche *homo oeconomicus* rechnet gar

nicht gerne, stattdessen spielt er. Er ist ein *homo ludens*. Vielleicht haben Sie das in Ihrem Unternehmen auch schon erlebt: Ihre Kunden lassen sich nicht mehr von Ihrem Produkt oder Ihrer Dienstleistung allein verführen, sondern von dem Spielplatz, den Sie davor aufgebaut haben. Möglichkeiten gibt es viele.

Chats: Kunden lieben es, mit andern Kunden oder mit Ihren Mitarbeitern zu chatten. Soziale Kommunikation macht ihnen Spaß. Auch, wenn gar keine Probleme zu lösen sind.

Mass Customization: Immer mehr Unternehmen bieten ihren Kunden die Möglichkeit, Produkte selbst zu basteln. Das beginnt bei der freien Eingabe von Einbauregalmaßen und hört bei der bunten Gestaltung des eigenen Türvorlegers und der individuellen Turnschuhe noch lange nicht auf. Kunden spielen gerne Künstler und sind stolz auf ihr »Unikat«. Auch, wenn es sich dabei nur um eine individuelle Müslimischung handelt.

Augmented Reality: Neue technische Möglichkeiten üben per se eine große Faszination aus – die computergestützte Erweiterung unserer Wahrnehmung der Realität gehört mit Sicherheit dazu. Unternehmen wie der Onlinebrillenhändler Mister Spex haben sich das längst zunutze gemacht: Hier können Kunden dreidimensionale Brillenmodell via Webcam ausprobieren. Gut für den Versandhändler, weil tendenziell weniger Retouren anfallen. Und schön für die spielverliebten Kunden.

Was Kunden wirklich loyal macht

Wir halten also fest: Kümmern Sie sich um Ihre Stammkunden, bieten Sie echte Zugehörigkeit und einen schönen Spielplatz. Das ist ein guter Anfang, für Kundenbegeisterung reicht es aber noch lange nicht. Deshalb haben wir zu diesem Thema noch etwas tiefer gegraben.

Lieben Sie Ihre Kunden!

Trotz allgemeiner Begeisterung für Social Media und Augmented Realities: Kundenbegeisterung entsteht in erster Linie immer noch über einen exzellenten, persönlichen Kontakt. Das kann den Kunden durchaus auch einmal Tränen der Rührung in die Augen treiben. Bei einem Branchenevent in Köln erzählte ein 77-jähriger Unternehmer Sabine Hübner von einer besonders überraschenden Geschichte:

>**Es war auf Mauritius.** Dort verbrachte ich mit meiner Frau vor ein paar Jahren einen Urlaub. Am Morgen ihres Geburtstags gingen wir zum Frühstück, und sie sagte zu mir: >Ich nehme gerade noch das Polohemd mit und gebe es schnell in der Wäscherei ab.< Auf meinen Einwurf, das könnte doch jemand im Zimmer abholen, meinte sie nur: >Das liegt ja auf dem Weg, und dann bekommen wir es heute wieder.< Also machten wir einen Abstecher in die Hotelwäscherei. Meine Frau übergab das Polohemd an eine Mitarbeiterin und nannte unsere Zimmernummer. In diesem Moment stimmten alle Mitarbeiterinnen der Wäscherei *Happy Birthday* an und sangen meiner Frau im Chor ein Geburtstagsständchen. Wir waren platt und wirklich berührt. Die konnten doch gar nicht wissen, dass wir kommen!<<

Das System dahinter: Jede Abteilung erhält täglich eine Geburtstagsliste der Gäste. Umso schöner, wenn selbst die Mitarbeiter der Wäscherei spontan so exzellent reagieren und für Jahre eine großartige Geschichte in den Kopf des Gastes schreiben.

Eine J. D. Power-Untersuchung aus dem Jahr 2013 bestätigt, dass der Umgang zwischen Hotelmitarbeitern und Gästen einen signifikanten Einfluss auf die Gästezufriedenheit hat. Der Studie zufolge entsteht die Zufriedenheit nicht nur durch die Freundlichkeit der Check-in-Mitarbeiter, sondern durch die Servicebereitschaft *aller* Hotelmitarbeiter. Dabei geht es durchaus um Kleinigkeiten: der unkompliziert besorgte Ersatz für die vergessene Zahnpasta, der freundliche Gruß auf dem Flur, die richtige Schreibweise des eigenen Namens – und wenn er noch so viele unerwartete »y«, »cz« oder »th« enthält. Kundenbegeisterung braucht Herzlichkeit – das ist eine historische Konstante.

Eine Studie der Marshal School of Business an der University of Southern California zeigte, dass die Bindung eines Kunden an seine Marke noch viel mehr sein kann als eine Frage der Herzlichkeit: Es handelt sich um Liebe! Offenbar fühlt sich der Kunde in der Nähe seiner Marke glücklich, er empfindet Trauer beim Gedanken an eine Trennung und Stolz, wenn er seine Marke öffentlich zeigt.

Das heißt für Sie: Lieben Sie Ihren Kunden auch! Dass Sie dann auch keine komplizierten Marketingsysteme mehr brauchen, wusste schon Zino Davidoff, von dem folgendes Zitat stammt:

> **Ich habe nie Marketing gemacht,
> ich habe immer nur meine Kunden geliebt.**
>
> Zino Davidoff

Doch wie zeigen Sie nun Ihre Liebe, ohne dem Kunden auf die Nerven zu fallen? Am besten mit kleinen, respektvollen Liebesbeweisen. Hier eine Auswahl:

PRAXISTIPP

Freude schenken: Gerade heute referierte ich, wie jedes Jahr, bei einer schönen Azubiveranstaltung eines Konzerns. Im Vorjahr hatte der Tontechniker eine Pausenmusik eingespielt, die mir so gut gefiel, dass ich nach dem Interpreten und Titel fragte: »Es ist Paul Kalkbrenner, Frau Hübner«, verriet mir der Tontechniker. Diese Musik höre ich bis heute beim Laufen. Umso mehr freute ich mich, dass sich der Tontechniker daran erinnerte und mir heute als kleines Abschiedsgeschenk noch einmal die gleichen Stücke einspielte. Eine charmante Geste, wie ich finde. Und hier noch eine Geste, die mich zum Lächeln brachte: »Frau Hübner, ich bewundere es, wie Sie den ganzen Tag lang in so hohen Schuhen stehen können«, sagte mir eine Geschäftspartnerin. Am Abend fand ich ein kleines Paket im Hotelzimmer: Mit allem, was Füßen gut tut. Und noch ein Beispiel: »Sie wollen mir bestimmt Blumen bringen?«, fragte ich eine Hotelmitarbeiterin, die höflich an meine Zimmertür klopfte. »Nein, Herr Rath, nur ein Fax. Bitteschön.« Am nächsten Tag fand ich in meinem Zimmer wieder ein Fax vor. Und einen frischen, bunten Strauß. »Dieses Mal mit Blumen«, stand auf einem kleinen Zettel daneben.

Großzügig sein: Stellen Sie sich vor, Sie haben eine Designerlampe für weit mehr als 1.000 Euro gekauft. Nach der Lieferung schenkt Ihnen der Monteur die passende Glühbirne dazu. Das passt, nicht wahr? Würde der Herr für diesen Service zusätzlich 1,80 Euro berechnen, würden Sie das kleinlich finden und dort sicher nicht noch einmal ordern. Das gleiche Prinzip gilt bei täglichen Dingen, die etwas günstiger sind als eine Lampe. Haben Sie schon einmal Ihr Portemonnaie zu Hause liegen lassen und dies beim Bäcker erst nach der Bestellung Ihres Brots oder Kaffees bemerkt? Exzellente Unternehmen erlauben Ihnen selbstverständlich, den Betrag später vorbeizubringen. Die Erfahrung zeigt, dass die allermeisten Kunden das auch tun.

Nicht drängeln: »Ich möchte Sie jetzt nicht beim Essen stören und komme gerne später noch einmal, um Ihr Ticket anzuschauen.« Wer so einen serviceorientierten Zugbegleiter erwischt, der fährt gerne wieder mit der Bahn.

Nicht zur Nummer machen: Viele Hotels organisieren den Frühstücksservice so, dass Sie beim Eintritt in den Restaurantbereich weder »Guten Morgen« hören, noch ein »Willkommen!«, sondern lediglich ein geschnarrtes »Zimmernummer!?« Wer so begrüßt wird, fühlt sich wie ein buchhalterischer Vorgang. Dabei wäre Excellence hier so einfach! Statt einer Auflistung der Zimmernummern bräuchten die Mitarbeiter nur eine alphabetisch sortierte Namensliste. Schon könnten Sie den Gast namentlich ansprechen – und ihm auch einen guten Morgen wünschen.

Persönlich ansprechen: Ja, das ist wohl der am meisten unterschätzte Liebesbeweis für Ihre Kunden. Sprechen Sie ihn mit seinem Namen an. Ich selbst bin ein sehr loyaler Kunde der immer gleichen Pizzeria – und zwar seit ich als Jugendlicher dort nach meinem Namen gefragt und seitdem immer persönlich angesprochen wurde. »Ciao Carsten, wie geht es dir? Schön, dich zu sehen!« Zugegeben: Schon bei meinem zweiten Besuch dort fühlte ich mich wie ein Teil der Familie. Eine Strategie – na klar! Dennoch hat es der Restaurantchef verstanden, mich emotional zu berühren.

VIP-Status verleihen: In den USA stellen bereits einige Restaurants Schilder auf die Tische mit dem Hinweis: »Schicken Sie dem Manager direkt eine SMS« samt Telefonnummer. Dieser direkte Draht in die Chefetage gibt Gästen das Gefühl, *very important* zu sein. Wer ist das nicht gerne? Anbieter des Dienstes ist das Unternehmen TalkToTheManager.

Freude teilen: Für den Hörakustikermeister und Chef von Neuroth Lukas Schinko ist die Lebensqualität seiner Kunden eine

Herzensangelegenheit: »Immer wieder erzählen mir Kunden begeistert, dass sie jetzt wieder Vogelzwitschern hören können. Sie freuen sich sehr. Und ich mich mit ihnen«, so Schinko.[57] Genau das ist ein *moment of truth* für beide Seiten. Genau das ist unbezahlbare Begegnungsqualität.

Kundenwünsche vorhersehen: Und zwar auch ganz kleine. Ich persönlich habe mich sehr gefreut, als ich in einem Hotelzimmer einmal meinen Lieblingsjoghurt als kleines Geschenk vorfand. »Wie haben Sie das gewusst?«, fragte ich am nächsten Tag. »Ich hatte mir die Marke notiert, liebe Frau Hübner«, verriet mir die Mitarbeiterin. Und ich war sehr gerührt, als der Mitarbeiter eines schwedischen Möbelhauses uns spontan seine eigenen Süßigkeiten schenkte, als wir nach der stundenlangen Optimierung unserer Büroeinrichtung kräftemäßig in die Knie gingen. Natürlich bekam er ein großzügiges Trinkgeld zurück! Das versteht sich von selbst.

Das zeigt uns: Service-Excellence heißt nicht *immer mehr* und auch nicht *immer teurer*. Service-Excellence ist liebevoll und genau auf den Punkt.

Schenken, aber richtig!

Sie kennen das: Dankesbriefe oder Kuschelcalls sind mittlerweile Standard – zuweilen haben sie schon Nervensägenpotenzial entwickelt. Auch Werbegeschenke locken niemanden mehr hinter dem Ofen hervor. Billige Streuartikel wie Plastikkugelschreiber, Schlüsselanhänger, Luftballons oder Bonbons landen sofort in der Mülltonne. Schade um den Aufwand!

Wenn Sie sich über Geschenke für Ihre Kunden ein bisschen mehr Gedanken machen, fällt Ihnen bestimmt etwas Besonders ein. Hier einige Anregungen für Ihr Brainstorming:

PRAXISTIPP

Gibt es einen Bezug zu Ihrem Unternehmen? Oder zum Markenimage? Ein billiger Kugelschreiber zum Beispiel ist austauschbar. Eine wertige Mappe ohne aufdringlichen Aufdruck oder ein schöner Block mit Ihrem Namen bleiben in Erinnerung.

Bringt Ihr Geschenk einen emotionalen Wow-Effekt? Ein lila Luftballon bringt ihn tendenziell nicht. Wenn aber in Ihrem reparierten Auto eine Praline mit der Aufschrift »Ich habe dich vermisst« prangt, dann könnte diese Aufmerksamkeit doch ein Lächeln in Ihr Gesicht zaubern, oder?

Ist das Geschenk für den Beschenkten relevant? Einen Wendegürtel für Herren braucht man nicht unbedingt, wenn man zufällig eine Dame ist. Aber ein Reisenotfallset für Kunden, die viel unterwegs sind, ist durchaus eine schöne Idee.

Welches Timing ist für die Überraschung perfekt? Der richtige Zeitpunkt ist für Ihre Überraschung die halbe Miete. Ein Gutschein für eine Wellnessmassage passt, wenn der Hotelgast gestresst anreist und am Abend keine Termine mehr hat. Ein üppiger Blumenstrauß passt nicht, wenn der Gast am nächsten Tag mit dem Flugzeug weiterreisen muss.

Stimmt die rechtliche Seite? Diese Fragen werden oft übersehen. Aber für Ihr eigenes Unternehmen ist es durchaus relevant, ob Sie Geschenke als Betriebsausgabe absetzen können. Und für den Beschenkten spielt es eine erhebliche Rolle, ob sein Geschenk unter die Rubrik »Bestechungsversuch« fallen könnte oder nicht.

Schnell ist es passiert, dass Sie Kunden in ein hochpreisiges Restaurant einladen, das diese dann aus Compliance-Gründen selbst bezahlen müssen. Peinlich! Ist mir schon passiert. Zum Glück ist aus diesem *Fauxpas* heute das verbindende Element geworden. Bei jedem Treffen sagen diese Kunden: »Erinnerst du dich noch an das Restaurant, Sabine?« Dann lachen wir gemeinsam darüber.

Also: Im Zweifelsfall immer Fachleute fragen! Und zwar vorher.[58]

Nicht mit der Gießkanne pflegen

Außerdem ist wichtig: Wenn Sie wachsen wollen, heißt das mit den Stammkunden wachsen. Für die Stammkunden. Aus Liebe zu den Stammkunden. Nicht auf Kosten der Stammkunden. Um dies nicht aus den Augen zu verlieren, können Sie Ihre Kunden nach folgenden Merkmalen segmentieren.

➤ Loyalität (Wie wahrscheinlich bleibt mein Kunde treu?)

➤ Kundenwert und Umsatz (Deckungsbeitrag?)

Wenn Sie sich vor allem um Ihre wertvollen Kunden kümmern, um Ihre treusten Kunden und auch mit Hingabe um die, die Ihnen möglicherweise untreu werden könnten, bringt Ihnen das in den meisten Fällen mehr, als wenn Sie sich voll auf das Neukundengeschäft stürzen. Oder alle gleichermaßen nach dem Gießkannenprinzip mit Goodies überschütten.

Erkennen Sie veränderte Bedürfnisse

Herzlichkeit lieben Kunden immer, die Vorlieben für bestimmte Medienkanäle aber ändern sich. Seit Kunden Tickets für Bahn,

Flugzeug, Konzerte und Co. online kaufen, Briefmarken selbst ausdrucken und Bargeld ganz selbstverständlich aus Bankautomaten ziehen, erscheint ihnen die Vorstellung absurd, für diese Services stundenlang anzustehen. Niemand ist mehr bereit, ewige Pausenmusik am Telefonhörer zu ertragen. So wichtig ist die Audienz beim Callcenter-Mitarbeiter dann doch nicht. Noch im Jahr 2008 wurden zwar 90 Prozent aller Servicetransaktionen im Callcenter per Telefon erledigt. Heute aber finden es die meisten völlig in Ordnung, per Chat oder Mail mit ihrem Kundendienst zu kommunizieren. Laut Servicebarometer Assekuranz 2012 telefoniert nur noch etwa ein Viertel der Versicherten mit der Zentrale oder kontaktiert ein Außendienstbüro.

Service ohne *online* funktioniert heute nicht mehr. Das heißt gleichzeitig für alle Unternehmen, in denen Kunden sich länger als ein paar Minuten aufhalten: Ein schneller, zuverlässiger Internetzugang erhöht die Loyalität ganz massiv! Schauen Sie sich in Ihrer Umgebung bei den besten Hotels, Restaurants, Eiscafés, Autohäusern, Boutiquen oder sogar Waschsalons und Krankenhäusern um: Alle punkten mit freiem WLAN. Wer hier nicht mitzieht, riskiert Loyalität. Das bestätigt die oben genannte J. D. Power-Studie: Ein langsamer Internetzugang treibt die Kundenzufriedenheit überproportional in den Keller.

Geschmeidige Prozesse schaffen

Ihre Mitarbeiter können dann ganz besonders herzlich sein, wenn sie sich nicht ständig mit knirschenden Prozessen herumschlagen müssen. Wissen Sie, wo es in Ihrem Unternehmen ungeklärte Zuständigkeiten, doppelte Wege oder lästige Wartezeiten für Mitarbeiter und für Kunden gibt? Machen Sie alle Abläufe so geschmeidig wie möglich. Dann macht Ihren Mitarbeitern die Arbeit mehr Spaß und Ihren Kunden die Kommunikation mit Ihrem Unternehmen.

Dazu gehören auch transparente Kundendaten! In der Praxis zeigt sich immer wieder, dass mehr als die Hälfte aller Informationen über Kunden nur in den Köpfen der Mitarbeiter vorhanden sind. Und dass diese nur aktiviert werden, wenn der entsprechende Mitarbeiter anwesend ist, wenn er an sein Extrawissen denkt und es dann auch noch umsetzt.

Das ist weit entfernt von perfekt. Das ist zufällig. Im Idealfall steht hinter jeder Geste ein System aus passenden Prozessen und relevanten Informationen. Dann passieren auch keine peinlichen Fehler: Der Kunde mit Heuschnupfen bekommt keinen Blumenstrauß. Der Kunde mit Gehbehinderung keine Tennissocken.

Auch die ganz kleinen Aufmerksamkeiten können zu großer Begeisterung führen, wenn Informationen dazu systematisch gesammelt und hinterlegt werden: Stammkunden mit Vorliebe für schwarzen Kaffee ohne Zucker bekommen gleich die richtige Sorte, Veganer müssen ihre Prinzipien im Restaurant gar nicht erst groß erklären, die Druckerei bekommt ungefragt ihren Lieferavis vom Papierhersteller, der Architekt selbstverständlich zehn Holzmuster extra. Und der Biergourmet die richtige Empfehlung. So wie Nikolas aus dem RichtigRichtig-Team.

»**Vor einigen Tagen** hat in der Nachbarschaft ein neuer Craft-Beer-Laden eröffnet. Er spezialisiert sich auf Biere, die mit traditionellen Zutaten in Kleinbrauereien hergestellt werden. Da ich gerade bei Bieren gerne neue Richtungen probiere, ging ich direkt hin. Sehr freundlich wurde ich vom Inhaber empfangen. Er erklärte mir die Philosophie der *Spritterei*, fragte, welche Richtung ich gerne trinke und empfahl mir entsprechend einige Sorten. Natürlich kaufte ich gleich eins und probierte es noch am gleichen Abend. Es schmeckte köstlich. Am nächsten Tag ging ich wieder hin und bedankte mich für die tolle Empfehlung. Er erkannte mich sofort wieder und empfing mich mit einem lachenden >Willkommen Zuhause<. Auch erinnerte er sich an die Biersorte und fragte sofort, ob es mir geschmeckt habe. Anschließend suchten wir eine neue Sorte aus, und er verabschiedete mich mit einem augenzwinkernden >Bis morgen!<«

Frei sein und nach Lust und Laune mitmachen

Es ist wie in der Liebe: Ein Gefühl der Verbundenheit entsteht, wenn beide Partner großzügig sind. Wenn sie aufmerksam sind. Wenn sie dem anderen die Freiheit schenken, sich jeden Tag neu für den gemeinsamen Weg zu entscheiden. Wenn sie dem anderen die Möglichkeit schenken, sich zugehörig zu fühlen, wenn er das möchte.

Wer seinem Kunden eine Vertragskugel an den Fuß kettet oder versucht, ihn mit billigen Bestechungsversuchen zu ködern, kann nicht mit Loyalität rechnen. Loyalität wächst durch Offenheit und Freiheit.

Je mehr Sie Ihren Kunden ermutigen, Ihre Produkte zu testen, mit zu entwickeln und selbst zu gestalten, desto mehr wird er sich damit identifizieren. Denn im Markt der Massenprodukte ist es etwas ganz Besonderes, etwas selbst erschaffen zu haben: »Woher hast du deinen schönen Tisch?« »Selbst entworfen!« »Wow!« So lenken Sie den Wow-Effekt statt auf Ihr Unternehmen auf den Kunden selbst. Nichts macht stolzer! Und nichts macht loyaler!

Die Faktoren Freiheit und Partizipation sind auch für Ihre Mitarbeiter entscheidend: Je mehr Sie ihnen ermöglichen, Ihren Kunden etwas relevantes (!) Gutes zu tun, desto mehr Loyalität bekommen Sie von Kunden und Mitarbeitern zurück. Dass das Gute auch Wirkung zeigt, wenn es dem treuen Begleiter eines Kunden angeboten wird, erlebte Lydia aus dem RichtigRichtig-Team:

»**Zu Risiken und Nebenwirkungen** lesen Sie die Packungsbeilage und fragen Sie Ihren Arzt oder Apotheker.« Ursprünglich ist dieser Hinweis wahrscheinlich ausschließlich für erstens: Menschen, und zweitens: Medikamente bestimmt.

Bei uns zu Hause treten Nebenwirkungen von Produkten aus der Apotheke in einem etwas anderen Zusammenhang auf. Das kommt so: Weil die Apotheke so nah liegt, nehmen wir immer den Hund dorthin mit und binden ihn vor der Eingangstüre an.

»Möchtest du gerne noch Traubenzucker und eine Zeitschrift haben?«, werden Kinder oft gefragt, wenn sie ihre Eltern in die Apotheke begleiten. Unsere Apotheke denkt noch einen Schritt weiter: »Dürfen wir Ihrem Hund ein Leckerchen anbieten?« Das löst jedes Mal aufs Neue Begeisterung aus – bei unserem Hund Brownie vermutlich sogar noch mehr als bei uns.

Letzten Sonntag wollte ich morgens Brötchen holen und hatte Brownie wieder an meiner Seite. Wir waren noch nicht ganz beim Bäcker angekommen, da wollte der Hund plötzlich nicht mehr weiter. Genervt versuchte ich also, den Grund für seinen Zwischenstopp festzustellen. Und tatsächlich – wir gingen gerade an der Apotheke vorbei. *Vorbeigehen* reichte dem Hund allerdings nicht – er wollte natürlich unbedingt stehenbleiben und angebunden werden. Wenn das keine tierische Kundenloyalität vom Feinsten ist.

Wir amüsieren uns immer wieder über diese besondere Aufmerksamkeit, und ein simpler Apothekenbesuch wird so für Hund und Mensch jedes Mal ein kleines Erlebnis.

Worauf es ankommt

1. **Sie sind nicht blöd**, unsere Kunden. Deshalb lassen sie sich mit billigen Kundenbindungsmaßnahmen auch nicht binden.

2. Kunden wollen **Communities**. Ein Gefühl der Zugehörigkeit. Freiwillig und unverbindlich, natürlich. Aber mit Mehrwert.

3. Kunden wollen **spielen**. Wenn sie chatten, eigene Produkte gestalten und neue Technologien ausprobieren dürfen, kommen sie gerne wieder.

4. Kunden betrachten Marken als Teil ihrer Identität. Das ist der Grund für die große **Liebe**, mit der mancher Kunde seiner Marke begegnet.

5. Wenn die Marke persönlich »**antwortet**« und den Kunden zum VIP macht, stärkt das die Loyalität.

6. **Offline** und **online** – beide Kanäle sind wichtig, um den Bedürfnissen der Kunden entgegenzukommen.

7. Eine intelligente Sammlung und Auswertung von **Kundendaten** macht gute Unternehmen zu exzellenten Unternehmen.

8. Loyalität wächst durch Ihre **Offenheit**.

9. Loyalität wird gepflegt durch eine enge Verbindung zwischen Ihren **Mitarbeitern** und Ihren Kunden. Diese Verbindung funktioniert nur, wenn Ihre Mitarbeiter ungewöhnliche Wege gehen dürfen.

10. Treue gibt es nur in **Freiheit**!

Ein Wort zum Schluss: Excellence neu denken

Eine gut durchdachte Philosophie steht im Zentrum. Exzellentes Leadership dient als Klammer. Dazu gehören acht Faktoren, an denen Sie arbeiten können – das ist ein zeitloses Erfolgskonzept für alle Unternehmen in allen Branchen. Davon sind wir überzeugt. Doch in Zukunft wird vieles anders werden. Nachdem Uber und Airbnb die Taxi- und Hotelbranche umgekrempelt haben, kommen jetzt Startups wie Magic oder GoButler, mit denen wir Servicekonzepte und Leadership ganz neu denken müssen. In der Modebranche entstehen schnellere, direkte Kommunikationskanäle zum Kunden. Das Unternehmen Zalando zum Beispiel testet eine persönliche Stilberatung (»Zalon Chat«) in Ergänzung zu den bestehenden Curated Shopping Services.

Das Prinzip ist immer ähnlich: Der Kunde signalisiert seinen Wunsch über eine App – auf der anderen Seite steht ein riesiges, dezentrales Netzwerk von unabhängigen, zum Teil semi- oder gar nicht mehr professionellen Dienstleistern bereit, die allein aufgrund ihrer Masse viel schneller und viel flexibler sind, als es ein großer Konzern je sein kann.

Das ist noch längst nicht alles: Webseiten werden immer intelligenter programmiert. Trackingtools messen das Verhalten der Besucher, clustern sie zu Typen, werten Testergebnisse aus, lernen automatisch immer mehr dazu, bis sie das Verhalten der Besucher selbstständig verstehen, darauf reagieren und dieses sogar vorhersagen können. Das ist die neue Normalität bei B2C. Im Bereich B2B werden Maschinen zunehmend unabhängig miteinander kommunizieren – braucht eine Maschine ein Ersatzteil, druckt die andere Maschine eins aus.

Wir fangen erst an, die neuen Dimensionen von Service-Excellence zu verstehen. Und wir ahnen erst, wie Leadership vor diesem Hintergrund eine ganz neue Bedeutung bekommt.

Bei aller schönen (und zuweilen beängstigenden) Zukunftsmusik rund um Digitalisierung, Automatisierung, Disruption und Agilität dürfen wir aber nicht vergessen, dass unsere Kunden Menschen sind – und es auch bleiben. Mit ganz menschlichen Bedürfnissen und Emotionen. Mit Hoffnungen und Verrücktheiten. Mit heimlichen Wünschen und unheimlichen Leidenschaften. Mit Lust und Liebe. Das Gleiche gilt für unsere Mitarbeiter: Auch im Zeitalter der Industrie 4.0 machen ihre Kreativität und Empathie, ihre Hingabe und ihr Willen zu Excellence den Unterschied.

Wie sich dieser unbedingte Wille anfühlt, können Sie auf der anderen Seite der Welt lernen – in Neuseeland, auf dieser kleinen, wirtschaftlich eher unbedeutenden Insel, auf der mehr Schafe als Menschen leben. Ausgerechnet diese Insel hat eine Rugby-Mannschaft hervorgebracht, die sich immer wieder gegen die ganz großen Nationen dieser Welt durchsetzt. Wie ist das möglich? Die Mannschaft zelebriert vor jedem Spiel den Haka-Tanz – die Kriegserklärung der Ureinwohner.

Tatsächlich: Kriegserklärung. Sie wird von den Rugby-Spielern stellvertretend für das ganze Land getanzt. Denn in diesem Augenblick steht das ganze Land hinter der Mannschaft. Geschlossen. Kompromisslos. Zehntausende Fans ohne Wenn und Aber. Sie wissen zusammen mit den Spielern: »Es geht immer um alles.« Geben Sie »Haka« und »Rugby« in die YouTube-Suchzeile ein und schauen Sie es sich an. Es läuft Ihnen eiskalt den Rücken herunter …

Es geht um alles. Immer. So ist es auch mit Spitzenleistungen in Ihrem Unternehmen. Leidenschaft und Kampfgeist gehören genauso dazu wie Spaß und Freude am gemeinsamen Spiel – und am Bessersein. Wenn Ihnen, wenn Ihren Führungskräften und Ihren Mitarbeitern eine kompromisslose Performance aus Überzeugung gelingt, wenn Sie mit Entschlossenheit diese Weltmeisterklasse erklimmen wollen, dann bringen Sie Leistungen, die Sie selbst kaum für möglich gehalten haben. Dann müssen Sie nur noch sehen, wie Sie mit Ihren begeisterten Fans zusammenspielen – ganz gleich, ob Ihr Spielfeld online oder offline ist. Und ganz gleich, ob Sie in Industrie 3.0, 4.0 oder in welcher Welt auch immer das zeigen wollen, was den entscheidenden Unterschied macht und endlich zu begeisterten Kunden führt: Excellence.

Über die Autoren

Sabine Hübner

Sabine Hübner ist erfolgreiche Unternehmerin und eloquente Key-note-Speakerin. Die mehrfache Bestsellerautorin gilt als »Service-expertin Nr. 1« (ProSieben), und das Magazin *Focus* zählt sie zu den Erfolgsmachern. Sabine Hübner verbindet ihren reichen Er-fahrungsschatz als Unternehmerin praxisnah mit ihrer Expertise in Beratung und Strategie-Entwicklung. Sie regt an, Führung neu zu denken, um Service neu zu definieren. Als einen harten Wirtschafts-faktor, der im Wettbewerb einen echten Unterschied macht. Ihre Impulse sind wegweisend für jede Service-Offensive. Renommier-te nationale und internationale Unternehmen vertrauen auf ihre Lö-sungsstrategien. Sabine Hübner ist eine gewinnende Persönlichkeit. Mit ihren Vorträgen rüttelt sie die Menschen spritzig, humorvoll und mit starken Inhalten auf und begeistert sie für eine außerge-wöhnliche Servicekultur.

Carsten K. Rath

Der Unternehmer Carsten K. Rath ist Deutschlands leidenschaftlichster Service-Excellence- und Leadership-Experte. Als international gefragter Keynote-Speaker begeistert er die Zuhörer durch seine unkomplizierte, offene und herzliche Art. Als Management- und Unternehmensberater ist der Entrepreneur auf Vorstands- und Geschäftsebene international geschätzt und hat das Vertrauen erfolgreicher Unternehmer und Führungskräfte.

Er nimmt seine Zuhörer mit auf eine Reise durch verschiedenste Unternehmerwelten und versteht es, Analogien zwischen der Hotellerie und Unternehmen unterschiedlichster Branchen herzustellen. Dabei greift er auf über 20 Jahre Leadership- und Service-Excellence-Erfahrung in der Touristik und internationalen Grandhotellerie aus vier Kontinenten zurück und hat dies in mehreren Büchern veröffentlicht.

Die Managementberatung für Kundenbegeisterung

Sabine Hübner und Carsten K. Rath sind das Gründerduo der Managementberatung RichtigRichtig.com. Was den beiden am Herzen liegt? Begeisterte Kunden! Und die fangen beim Mitarbeiter an.

Gemeinsam entwickelten sie ein wirksames System für Kundenbegeisterung. Als Spezialist steht RichtigRichtig.com mit seinem Team Unternehmen vom Impuls über die Beratung und Strategieentwicklung bis hin zur Umsetzung und Qualitätsmessung zur Seite. Das RichtigRichtig-Beratungssystem bietet dafür wirksame Methoden zur Mitarbeiterführung der Zukunft, durchdachte Kommunikationskonzepte für alle Unternehmensebenen, innovative Weiterbildungskonzepte, Live-Seminare, motivierende Impulsvorträge sowie das einzigartige Lernkonzept welearning.

Im Mittelpunkt des Denkens und Handelns steht der Anspruch, gemeinsam mit den Kunden einen Spirit zu schaffen, der die besten Talente anzieht, motiviert und bindet – Mitarbeiter, die engagiert Wege suchen, um ihre Kunden zu begeistern. Das Ergebnis: Kundenloyalität. Mehr Umsatz und wirtschaftlicher Erfolg.

by richtigrichtig.com

Warum gelingt es einzelnen Unternehmen so viel besser, ihre Kunden zu begeistern als anderen? Weshalb haben manche Unternehmen dieses ganz besondere Etwas? Weil jeder Mitarbeiter alle Hebel in Bewegung setzt, um seinen Kunden das Leben einfach zu machen und Erwartungen zu übertreffen.

Mit welearning erreichen Sie eine exzellente Begegnungsqualität mit Ihren Kunden, herzliche und professionelle Mitarbeiter und einen Spirit, der Spitzenleistung beflügelt.

Ihre Mitarbeiter trainieren regelmäßig – ein durchdachter Lernpfad und die Themenvielfalt erhalten die Spannung. Expertenwissen und Erfahrungsaustausch im Miteinander sichern den Praxistransfer.

> **Einfacher geht's nicht!** Sie erhalten den gesamten Content für alle Trainingsmodule online: Videos, Leitfäden, Übungen und Wissen-to-go. Professionell und übersichtlich aufbereitet.

> **Zeit- und budgetschonend.** Sie trainieren intern: Mitarbeiter schulen Mitarbeiter – weil zusammen alles besser gelingt.

> **Minimaler Aufwand mit maximaler Wirkung.** Sie investieren flexibel maximal 15 Minuten pro Woche.

> **Ihre Kunden spüren den Unterschied, und Sie machen mehr Umsatz.** Sie entwickeln Ihre Mitarbeiter kontinuierlich weiter – das motiviert und sichert die konsequente Umsetzung und eine hohe Begegnungsqualität mit begeisterten Kunden.

www.we-learning.com

Anmerkungen

1 http://www.gerald-huether.de/populaer/veroeffentlichungen-von-gerald-huether/texte/begeisterung-gerald-huether/
2 André Comte-Sponville: *Ermutigung zum unzeitgemäßen Leben. Ein kleines Brevier der Tugenden und Werte.* Reinbek: Rowohlt, 2004. Seite 17f.
3 Mortsiefer Management Consulting: *Mit dem Leitbild zum Unternehmenserfolg.* 2002
4 Kai Hattendorf: *Führungskräftebefragung 2013.* Wertekommission Initiative Werte Bewusste Führung in Zusammenarbeit mit dem Reinhard-Mohn-Institut der Universität Witten/Herdecke. Seite 22
5 Vgl. Markus Feidner: *Gut ist nicht gut genug. ... Das Qnigge®-Prinzip oder warum Service klare Regeln braucht.* Offenbach: Gabal 2013. Seite 37
6 Martin J. Eppler: Strategiefluss und Vision. In: *OrganisationsEntwicklung* Nr. 4/2012, Seiten 52f., hier Seite 53
7 Vgl. zum Beispiel die ausführliche Erklärung bei Stefan Merath: *Die Kunst, seine Kunden zu lieben. Neurostrategie für Unternehmer.* Offenbach: Gabal 2011, Seiten 219 ff.
  1. Eine Vision muss dem Kunden nutzen.
  2. Hinter jeder Vision muss ein Anliegen stehen.
  3. Eine Vision muss emotional sein.
  4. Eine Vision muss groß sein.
  5. Eine Vision muss einen klaren Fokus haben.
  6. Eine Vision muss einfach sein.
  7. Eine Vision muss der Leidenschaft des Unternehmers entsprechen.
  8. Eine Vision muss konsistent sein.
  Ähnlich ist die Liste bei John Kotter (www.kotterinternational.com):
  1. Imaginable: They convey a clear picture of what the future will look like.
  2. Desirable: They appeal to the long-term interest of those who have a stake in the enterprise.
  3. Feasible: They contain realistic and attainable goals.
  4. Focused: They are clear enough to provide guidance in decision making.
  5. Flexible: They allow individual initiative and alternative responses in light of changing conditions.
  6. Communicable: They are easy to communicate and can be explained quickly.
  Ebenfalls ähnlich ist die Liste von Kantabutra, S.; Avery, G. C. (2007): Vision effects in customer and staff satisfaction: an empirical investigation. In: *Leadership & Organization Development Journal*, Vol 28, No.3, Seiten 209–229:
  1. conciseness,
  2. clarity,
  3. future orientation,
  4. stability,
  5. challenge,
  6. abstractness,
  7. desirability or ability to inspire.
8 Aktuelles Beispiel: Ernst & Young, jetzt E. Y., hat sich eine neue Vision auferlegt, weil die alte »überholt« war: http://www.de.ey.com/DE/de/About-us/Goodbye-Ernst-Young-Welcome-EY
9 Vgl. Jim Collins; Jerry I. Porras: *Built to last. Successful habits of visionary companies.* Harper Business Essentials, 2004
10 Vgl. dazu auch Kerstin Stolzenberg; Heiner Reiners: »Visions- und Leitbildentwicklung. Werkzeugkiste 33«. In: *OrganisationsEntwicklung* Nr. 4/2012, Seiten 80–85, hier Seite 80
11 Auf die Frage nach Faktoren, die am ehesten zu einer hohen Leistung motivieren, vergaben Führungskräfte

aus insgesamt 100 zu verteilenden Punkten für den Aspekt »sinnvolle und abwechslungsreiche Tätigkeit« im Durchschnitt 21,3 Punkte, für »Entscheidungsfreiheit« durchschnittlich 16,1 und für »gutes Betriebsklima« durchschnittlich 13,6 Punkte. Siehe: http://www.haygroup.com/de/press/details.aspx?id=42021

[12] Diese Geschichte haben wir angelehnt an Elin Thunman: »Burnout als sozialpathologisches Phänomen der Selbstverwirklichung«. In: Sighard Neckel und Greta Wagner: *Leistung und Erschöpfung. Burnout in der Wettbewerbsgesellschaft.* Frankfurt am Main: Suhrkamp, 2013. Seiten 58 bis 85, hier Seiten 70f.

[13] Kerstin Stolzenberg; Heiner Reiners: »Visions- und Leitbildentwicklung. Werkzeugkiste 33«. In: *OrganisationsEntwicklung* Nr. 4/2012, Seiten 80–85, hier Seite 82

[14] Siegfried J. Schmidt: »Selbst-Bewusstsein durch Selbst-Beobachtung. Überlegungen zur kreativen Selbststorientierung von Unternehmen in Veränderungsprozessen«. In: *OrganisationsEntwicklung* Nr. 4/2012. Seiten 64-69, hier Seite 68

[15] Vgl. das Kapitel über das Unternehmen »Brother« in Cay von Fournier: *Wert schaffen durch Werte. Nachhaltiger Unternehmenserfolg in Zeiten der Veränderungen. Solide, gesund, erfolgreich: Mittelständler im Porträt.* Berlin: SchmidtColleg Verlag, 2012, Seiten 88ff.

[16] Elin Thunman: »Burnout als sozialpathologisches Phänomen der Selbstverwirklichung«. In: Sighard Neckel; Greta Wagner: Leistung und Erschöpfung. Burnout in der Wettbewerbsgesellschaft. Frankfurt a. M.: Suhrkamp, 2013. Seiten 58-85, hier Seite 78

[17] Martin Dornes: *Die Modernisierung der Seele. Kind – Familie – Gesellschaft.* Frankfurt am Main: Fischer, 2012. Seite 227

[18] http://www.zapposinsights.com/culture-book/international

[19] Sylvia Jumpertz: »Wir betrachten Führung als Dienstleistung am Team. CEO Marc Stoffel über die Chefwahl bei Haufe-Umantis«. In: *ManagerSeminare*, Heft 190/Januar 2014. Seiten 10-11, hier Seite 10

[20] Vgl. Jochen Knobloch: »Freiheit statt Gehorsam«. In: *Frankfurter Rundschau* vom 21. September 2012

[21] Trendbüro; bso: New Work Order. Wiesbaden 2012. Seite 27
Kritik äußert eine ehemalige Valve-Mitarbeiterin im Online-Magazin »*Develop*«, online unter http://www.develop-online.net/news/valve-s-perfect-hiring-hierarchy-has-hidden-management-clique-like-high-school/0115316

[22] Vgl. zum Beispiel Alexandra Mesmer: »Fachkräftemangel ist ein Indiz für Trägheit der Unternehmen. Interview mit DIW-Forscher Karl Brenke«. In: *Computerwoche* vom 2.12.2013; online unter http://www.computerwoche.de/a/fachkraeftemangel-ist-indiz-fuer-traegheit-der-unternehmen,2550495

[23] Wir zitieren ein Bonmot des ehemaligen Lufthansa- und Daimler-Benz-Managers Thomas Sattelberger; vgl. Oliver Kaever: »Alles nur geföhnte Bubies und Barbies«. In: *Zeit Online* vom 1.11.2013; online unter http://www.zeit.de/kultur/film/2013-10/dokumentarfilm-alphabet-erwin-wagenhofer

[24] Mehr dazu in: *Das Jobinterviewknackerbuch. Cool bleiben, Kompetenz zeigen, K.O. Kriterien kennen.* Frankfurt am Main/New York: Campus Verlag, 2012. Seite 87

[25] Vgl. das gleichnamige Buch von Günter Faltin: *Kopf schlägt Kapital. Die ganz andere Art, ein Unternehmen zu gründen. Von der Lust, ein Entrepreneur zu sein.* München: Deutscher Taschenbuch Verlag, 2012

[26] Vgl. Anne Jacoby, Florian Vollmers: *Das Jobinterviewknackerbuch. Cool bleiben – Kompetenz zeigen – K.O.-Kriterien kennen.* Frankfurt a. M.: Campus, 2012. Seite 68

[27] Der Begriff »Kompetenzdarstellungskompetenz« wurde von der Soziologin Michaela Pfadenhauer entwickelt.

[28] Barbara Rüttimann: »Mental und auf dem Bike: immer unterwegs.« Interview mit Dany Gehrig. In: *Organisator*, Ausgabe 7/8 vom 2.8.2013, Seite 8ff. Online unter http://www.globetrotter.ch/data/docs/de/25672/Menschen-Gehrig-GzD3.pdf

[29] Jessica Mulch: »Ungewöhnliches Recruiting: Wie Heineken Jobanwärter auf Herz und Nieren prüft«. In: *Horizonte.net* vom 21.2.2013; online unter http://www.horizont.net/aktuell/agenturen/pages/protected/Ungewoehnliches-Recruiting-Wie-Heineken-Jobanwaerter-auf-Herz-und-Nieren-prueft_113075.html

[30] Viel gelernt habe ich dabei durch die Zusammenarbeit mit Talent Plus. Danke!

[31] Siehe »News« in *ManagerSeminare* Nr. 159 vom 20.5.2011

[32] Vgl. http://www.jobware.de/Karriere/Mindlessness-und-Mindfulness-neue-Loesungen-gegen-Musterhandlungen.html

[33] Interview: »Wie abgelenkt sind wird, Herr Metzinger?« In: *Philosophie Magazin*, Nr. 2/2014, Seite 59

[34] Vgl. die schon erwähnte Studie des Kölner Instituts für Konfliktmanagement und Führungskommunikation IKuF

[35] Vgl. die Studien von Nicolas Roulin und Andrian Bangerter vom Institut des Psychologie de Travail et des Organisations der Université Neuchatel (Schweiz).

[36] Eva Buchhorn; Klaus Werle: »Generation Y – Die Gewinner des Arbeitsmarkts«. In: *Spiegel online* vom 7.6.2011, online unter www.spiegel.de

[37] Vgl. Axel Honneth: *Kampf um Anerkennung. Zur moralischen Grammatik sozialer Konflikte.* Frankfurt am Main: Suhrkamp 1998. Seite 211

[38] Vgl. Charlotte Jacquemart: »Wertschätzung erhöht Produktivität«. In: *NZZ am Sonntag* vom 17.11.2013. Seite 32

[39] Vgl. Axel Honneth, a.a.O., Seiten 278ff.

[40] Ferdinand Knauss: »Was Mitarbeiter wirklich motiviert«. In: *Zeit Online* vom 11. Januar 2013. Online unter http://www.zeit.de/karriere/beruf/2012-12/personalfuehrung-motivation-mitarbeiter

[41] So das Ergebnis einer Studie des Zentrums für Europäische Wirtschaftsforschung (ZEW), das von der Verhaltensökonomin Christiane Bradler durchgeführt wurde.

[42] Vgl. André Comte-Sponville, a.a.O. Seite 339

[43] Peter Sloterdijk: *Stress und Freiheit.* Berlin: Suhrkamp 2011. Seite 57

[44] Vgl. Sabine Hockling: »Warum Chefs Mutmacher sein sollten«. In: *Zeit Online* vom 30. November 2012. Online unter http://www.zeit.de/karriere/2012-11/chefsache-mutmacher-entscheidungen

[45] Bernhard Krusche, Torsten Groth, Reinhart Nagel, Thomas Schumacher: »›Houston, we have a problem ...‹: Überlegungen zur Aerodynamik moderner Organisationen«. In: *Revue für postheroisches Management*, Heft 3/2008. S. 72–80

[46] http://blogs.zappos.com/blogs/zappos-family/zcltstoriesthe8hrcall

[47] Georg Meck: Henkel-Chef Rorsted: »Mir ist egal, wo meine Leute arbeiten«. In: *Frankfurter Allgemeine Zeitung* vom 22.11.2015, Rubrik Unternehmen

[48] Vgl. Byung-Chul Han: *Was ist Macht?* Stuttgart: Reclam 2005. Seite 15

[49] Vgl. Mathias Irle: »Zahlen, bitte!« In: Brandeins 9/2008; online unter http://www.brandeins.de/archiv/2008/mythos-leistung/zahlen-bitte.html

[50] Im Original »superior experience«

[51] Youngme Moon: *Different. Escaping the Competetive Herd.* New York: Crown Business, 2010. Seite 45

[52] Vgl. diesen Überblick über verschiedene Studien zu diesem Thema: http://www.utexas.edu/features/2009/09/07/employees/

[53] Jakob Schulz: »Google-Boss Page beendet Erfolgsprogramm«. In: *Süddeutschen Zeitung* vom 17.8.2013. Online unter http://www.sueddeutsche.de/digital/-prozent-zeit-fuer-mitarbeiter-google-boss-page-beendet-erfolgsprogramm-1.1748360

[54] Thomas Cloer: »Legendäre 20-Prozent-Regelung bei Google ›ruht‹«. In: *Computerwoche* vom 19.8.2013. Online unter www.computerwoche.de/a/legendaere-20-prozent-regelung-bei-google-ruht,2544704

[55] http://www.simon-kucher.com/de/news/kundenbindung-die-taube-der-hand

[56] http://mashable.com/2014/04/09/millennials-user-generated-media/

[57] http://www.richtigrichtig.com/lukas-schinko-service-excellence-affair/

[58] Inspiriert von http://www.marketing-trendinformationen.de/kundenbindung/kundenbindung-kleine-geschenke-fuer-mehr-kundenbindung-4640.html

Literaturtipps

Comte-Sponville, André: Ermutigung zum unzeitgemäßen Leben. Ein kleines Brevier der Tugenden und Werte. Reinbek: Rowohlt, 2004.

Dornes, Martin: Die Modernisierung der Seele. Frankfurt am Main: Fischer, 2012

Faltin, Günter: Kopf schlägt Kapital. Die ganz andere Art, ein Unternehmen zu gründen. Von der Lust, ein Entrepreneur zu sein. München: Deutscher Taschenbuch Verlag, 2012

Han, Byung-Chul: Was ist Macht? Stuttgart: Reclam, 2005

Hattendorf, Kai: Führungskräftebefragung 2013. Wertekommission Initiative Werte Bewusste Führung in Zusammenarbeit mit dem Reinhard-Mohn-Institut der Universität Witten/Herdecke

Honneth, Axel: Kampf um Anerkennung. Zur moralischen Grammatik sozialer Konflikte. Frankfurt am Main: Suhrkamp, 1998

Hübner, Sabine: Service macht den Unterschied. Wie Kunden glücklich und Unternehmen erfolgreich werden. München: Redline Verlag, 2009

Hübner, Sabine: surpriservice. Erfolgskonzepte und visionäre Ideen der Marktführer von heute. Offenbach: Gabal, 2002

Hübner, Sabine; App, Reiner: Tue dem Kunden Gutes und rede darüber. Mehr Erfolg durch die richtige Service-Kommunikation. München: Redline Verlag, 2013

Merath, Stefan: Die Kunst, seine Kunden zu lieben. Neurostrategie für Unternehmer. Offenbach: Gabal, 2011

Moon, Youngme: Different. Escaping the Competitive Herd. New York: Crown Business, 2010

Neckel, Sighard und Wagner, Greta: Leistung und Erschöpfung. Burnout in der Wettbewerbsgesellschaft. Frankfurt am Main: Suhrkamp, 2013

Rath, Carsten K.: Sex bitte nur in der Suite. Aus dem Leben eines Grand Hoteliers. Freiburg i. Brsg.: Herder Verlag, 2015

Rath, Carsten K.; Susanne Rath: 55 Gründe ein Grand Hotel zu eröffnen. Hamburg: Murmann Publishers, 2015

Schleuter, Willibert; Stosch, Johannes von: Die sieben Irrtümer des Change Managements und wie Sie sie vermeiden. Frankfurt/New York: Campus Verlag, 2009

Stock-Homburg, Ruth: Der Zusammenhang zwischen Mitarbeiter- und Kundenzufriedenheit. Direkte, indirekte und moderierende Effekte. Wiesbaden: Gabler/Springer Verlag, 2012

Trendbüro; bso: New Work Order. Wiesbaden 2012

Stichwortverzeichnis